东南大学建筑学院国际联合教学丛书：文化与建造系列
International Joint Teaching Series of SEU-ARCH: Culture and Construction Series

江苏省高校优势学科建设工程项目资助
A Project Funded by the Priority Academic Program Development of Jiangsu Higher Education Institutions

基于传统木构技艺的
BASED ON THE TRADITIONAL WOODEN TECHNIQUE

空间·建具·榫卯
SPACE·ARCHI-FURNITURE·MORTISE&TENON

韩晓峰　(德) 马里奥·林克　曹 婷　董竞瑶　著
Xiaofeng Han　　Mario Rinke　　　Ting Cao　Jingyao Dong

东南大学出版社 · 南京
Southeast University Press · Nanjing

Contents

目　录

致　谢

本书的主体内容是笔者于2017年带领瑞士苏黎世联邦理工学院和东南大学建筑学院两校师生进行的国际联合教学成果。本次教学受到传统木构建筑营造技艺研究国家文物局重点科研基地（东南大学）资助。感谢参与及帮助过本课程的老师：东南大学建筑学院陈薇教授一直关注两校的联合教学研究，并给予很多帮助；维也纳工业大学建筑与规划学院Klaus Zwerger教授给予课程重要的欧洲木构建筑的学术知识；哈尔滨工业大学（深圳）建筑学院曹婷助理教授为课程进行了多年的准备；东南大学建筑学院李华副教授、淳庆教授、任思捷讲师及以昆明理工大学建筑学院刘妍老师为课程提供了帮助；南京大学建筑与城规学院赵辰教授在课程成果答辩环节给予诸多中肯的评论；南京艺术学院设计学院施煜庭教授为课程顺利进行提供了设备和技术支持；瑞士苏黎世联邦理工学院建筑学院建筑模型快速成型实验中心Alessandro Tellini先生、Derleth Katrin女士在课程中动手加工操作，为同学们展示了加工技艺。

另外，本书第一部分的理论溯源将课程教学的内容进行了学术性的理论拓展，要特别感谢来自不同视角的学者的贡献：东京大学工学院董竞瑶博士（现东南大学建筑学院博士后）的文章《日本建具及其空间作用初探》为本书重要的关键词"建具"进行了其日本词源的解读。原联合课程的组织者和参与者之一曹婷博士，2021年瑞士苏黎世联邦理工学院毕业后在哈尔滨工业大学建筑学院执教，她的文章《木构曲面的直线建造之美》从力学分析到复杂造型的建筑设计和建造的深入介绍，拓展了传统木构的空间和造型的认知。昆明理工大学建筑学院刘妍博士原本为本书写的文章——《榫卯与木材》，回应了本书另一个关键词"榫卯"，她从木材材性出发，将不同文化背景下的榫卯类型进行了广泛的比较和深入浅出的解读，非常直观地揭示了这一独特领域的学理知识。由于该文章不久会在她的专著中出版，所以本书未能收录。

最后，要感谢参与课程的中国和瑞士两国同学，因为对传统文化、传统技艺和当代建筑等多样性知识的共同兴趣，大家聚集在一起，共同进行了理论和实践叠合的"知行合一"课程研学。

韩晓峰

序 言

　　《基于传统木构技艺的空间·建具·榫卯》一书是在传统木构建筑营造技艺研究国家文物局重点科研基地（东南大学）资助和支持下完成的一项具有重要启发性的教学研究成果。

　　传统木构建筑营造技艺为人类对于天然木材充分认知且长期习得所形成，具有悠久的历史和高超的技术发展水平。中国和瑞士均有丰富的木构建筑营造传统，既有技艺上的异曲同工，又有文化上的显著差异，开展相关联合教学充满挑战又富有价值。东南大学建筑学院韩晓峰副教授和瑞士苏黎世联邦理工学院马里奥·林克（Mario Rinke）副教授等一众教师们于2017年暑夏克服诸多困难，经过课堂教学、实地考察、现场交流、合作设计等教学环节，完成了两校共同举办的国际联合教学，并将主要成果结集出版，可喜可贺。

　　传统木构技艺的核心是手工制作，需要匠心巧思和亲力亲为，该特点在此国际联合教学中贯穿始终。在课题设置上，以此为出发点，通过由小到大之不同尺度、由易到难之结构知识学习，落实在家具、桥和建筑的营造上，完成从构思、设计、实作和绘图等完整教学过程；在师资组织上，不同阶段由不同学科的老师担纲主角，包括历史、艺术、结构、建筑设计等；而对于学生的组织，也尽量做到不同专业和两校学生交叉组合。从而可以在两周内，通过联合教学将传统木构营造技艺传授给学生，让他们更深入地学习和掌握，并在不同文化背景和审美认知下得以交流、碰撞、结果，产生一定的影响。

　　法国哲学家让·雅克·卢梭（Jean-Jacques-Rousseau）曾经说过："教育的最大秘密是将脑力劳动和体力工作结合起来，这样一种运动可以使另一种运动焕然一新"。该书中大量精美图纸是为了本书出版而后续整理的，并非当时由图纸而制作，这也可以认为是另一种发展——将传统习得转化为启迪现代设计教学的方法之一。

　　此外，对于传统木构建筑营造技艺如何可教、活化、实践、认知，也是一次实验，是当代建筑教学中的一次重要尝试。"传统木构建筑营造技艺研究国家文物局重点科研基地（东南大学）"作为一个实验平台，期待有更多这样的创新性教学研究成果和探索。

传统木构建筑营造技艺研究国家文物局重点科研基地（东南大学）主任
东南大学建筑历史与理论研究所所长
陈薇 教授

上篇：
理论溯源

PART ONE：
THEORETICAL ROOTS

知行合一 ——空间·建具·榫卯的知识来源

Unity of Knowledge and Action— The Source of Knowledge of Space, Archi-furniture, Mortise & Tenon

韩晓峰

东南大学建筑学院 副教授

前言

　　本文基于笔者主持的东南大学与瑞士苏黎世联邦理工学院共同举行的以木构为主题、手工制作为手段、榫卯节点为核心技术、图解静力学为木结构形式基础的综合性联合教学的主要内容整理而成。此次教学活动经过近三年筹备，最终在2017年5月完成。瑞士方参与主持的马里奥·林克(Mario Rinke)老师来自Schwartz结构工作室。特殊的学术背景对本次教学活动的成果产生许多积极的影响。首先，双方确定木构为主题，这使得教学目标和教学理念突破现代主义建筑的基本形式；而双方确立以手工操作为手段加工所有的构件，这使得设计的作品散发出前工业社会时期的手工气质，在最大程度上恢复了包豪斯早期建筑基础教学中注重手工的特点。而这样的设定后来被证明，它对于唤醒每位学生身体内的潜在天性有无法替代的重要作用。而榫卯节点这个近乎苛刻的技术，使得传统木构技术的研究、整理和学习成了必不可少的内容。刘敦桢先生在《中国古代建筑史》序言中指出，"对建筑史的研究多是风格研究，缺少对技术的研究"，因此本次课程对于技艺的研究也对中国古建筑技术的认知有良性影响。图解静力学是Schwartz教授在瑞士苏黎世联邦理工学院建筑学院主持的重要结构课程，分年级由易到难分别讲授，这是对建筑设计具有极大技术支撑的课程。所以，其在本次联合教学中自然占据了一定分量。正是图解静力学对不同结构形式的力学分析和图解，成为催发每组同学进行合理、多样的结构形式设计的原动力。以上四点原本是建筑学科内被独立讨论的四个话题，在本次联合教学实验中被我们有意放在一起，初衷是希望看到某种剧烈的相互激发，以产生更加独特的设计成果。

木构之源

　　首先，笔者和瑞士方带队老师Mario讨论确定了木材作为教学的唯一材料。一方面，Mario十分感兴趣于中国传统建筑中蕴含的丰富历史文化，希望通过此次教学有更加深入的理解。这对于我们来说，多少有点意料之外，因为当下中国建筑院校的教学中，发端自欧洲的现代主义建筑却占主导，以混凝土和钢结构等材料为主。而传统建筑中的木结构技术几乎被完整放弃，仅仅只在历史建筑保护和原貌恢复中可见到。至于传统木构技术与现代建筑及材料技术具有的关联性研究者，极少可见于院校的课程体系内。这对于中国传统建筑中已经自然存在于华夏大地上的具有如此辉煌历史传统的木构建筑来说，无疑需要我们进行深刻的反思。传统木构建筑中根据工匠的劳作分工、木材特点，分为大木作、小木作，这为当代建筑教学进行木构的尝试提供了非常有益的借鉴。本次联合教学，由于时间和经费等多种限制因素，将研究对象主要设定在小木作的范畴，甚至从传统家具制作中寻求榫卯的基本类型和原理。同时，瑞士方另一位重要的欧洲传统木构建筑的当代守护者——维也纳工业大学建筑与规划学院的Zwerger教授，为大家讲授了欧洲木构建筑的传统。非常有趣的是，他认为在欧洲建筑院校中也有轻视当地传统木构建筑的倾向。

榫卯节点类型化分析

榫卯，从词源解读，榫是指凸出的榫头，卯是指切掉的榫槽或榫口，两者可相互结合为一个整体。它隐喻了阴和阳这一朴素的东方原理。木材本身蕴含的材料特性使得榫卯成为中国传统建筑的主要连接方式。根据陈明达先生所著《中国古代木结构建筑技术　战国—北宋》一书中相关论述："……近年来浙江余姚河姆渡发现的新石器时代遗址中，出现了大量木建筑构件。这个遗址距今约6000年，即约为公元前4000年。对它的整体形式现在还难以复原，但遗留的构件上保存着圆形的穿透榫卯。还在使用石器做工具的时代已经能做出榫卯，应当承认是了不起的创造（这项发现纠正了我们过去的一个错误看法：认为没有金属工具的时候，是不能制造榫卯的）"。榫卯出现的历史甚至可以追溯到石器时代。

笔者按照基本结构体中构件连接方式进行榫卯节点的类型学分析，这使得复杂的榫卯节点变得相对容易理解。一类主要是作面与面的接合，也可以是两条边的拼合，还可以是面与边的交接。另一类是作为"点"的结构方法。主要用于横竖材丁字结合、成角结合、交叉结合（图1）以及直材和弧形材的伸延结合（图2）。还有一类是将三个构件组合在一起并相互连接的构造方法。

在三大类杆件连接类型中，榫头和榫槽的加工做法则又包含几种基本的变化，如是否为透榫、榫头是否留肩、是否包边等（图3）。方木变为圆形木的连接（图4）。

榫卯节点连接方式无定法，它的无尽变化蕴藏在建筑结构体系的变化之中，传统木构建筑体系的柱、梁、额、枋、檩、斗、拱和椽等构件的相互连接的先后、上下、前后、里外等秩序决定了每个节点榫卯的做法，并在基本类型的基础上产生许多变体。

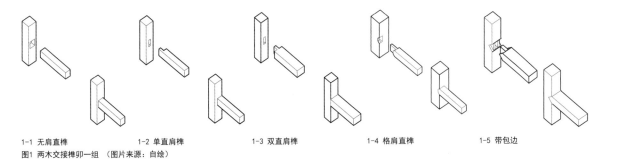

1-1 无肩直榫　　　1-2 单直肩榫　　　1-3 双直肩榫　　　1-4 格肩直榫　　　1-5 带包边
图1 两木交接榫卯一组　（图片来源：自绘）

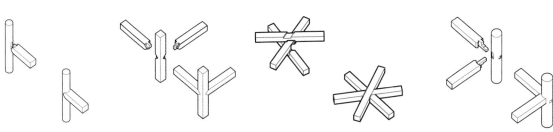

图2 圆木方木接（图片来源：自绘）　3-1 格肩暗交叉榫　　　3-2 三料交叉榫　　　图4 两方木一圆木接（图片来源：自绘）
图3 三木交接（图片来源：自绘）

图解静力学

Schwartz教授在瑞士联邦高等工业大学建筑学院讲授的图解静力学，以材料的受力基本原理为基点，图解分析结构体系内构件的受拉、受压两类不同力学特征的构件，清晰直观地表达了力在结构体系内的传导路径。这使得结构体系的设计变得理性、可分析。图解静力学分析主要针对较为宏大的结构体系，如桁架、拱、网壳、拉索等，及其综合而成的复杂结构体系。以Aurelio Muttoni在 *The Art of Structure—Introduction to the Functioning of Structures in Architecture* 一书中对哥特教堂飞扶壁以静力图解分析为例(图5)，可直观显示其受力特征类似斜撑靠在墙壁上的人体。物体自重形成两个方向的压力沿着轴线传达至地基。图6为1930年工程杰作，R.Maillart设计的萨尔基那山谷桥（Salginatobelbrücke）横跨在巨大山谷上，桥体却非常轻盈，这源于工程师根据大跨拱结构的力学原理，采用了变截面拱体，精确还原大跨拱受力，去除冗余结构体。根据其静力图解显示，拱体厚度与起拱高度数值比例是影响结构性能的极重要参数。

Schwartz 教授按照不同结构体系，图解许多经典案例的结构力学特征。在本次教学中，将抽象图解静力学与具体的木材和榫卯节点整合进行细木作尺度的建造研究。由于课程内的设计都要被建造，榫卯形成的木构体会受到重力、人力等各种力的实际检验。同学们在设计之初，先进行两个简单练习作业的训练和热身。得益于瑞士方较成熟的结构体系类型的划分，同学们了解基本的拱、桁架、梁柱、壳体网等结构体系。加之课程明确以小木作为设计载体，因此同学们的设计无疑被转化为以小木材进行不同结构体系结构体的设计和建造，此处是该工作营至关重要的技术核心。所以，课程建造的榫卯结构体虽然在尺度上远小于建筑物，但是作为原型性的结构体系，自身蕴含的静力学特征具有与大型建筑相同的意义。

传统研学

课程初期课题组师生们参观了明式家具制造厂家"观朴"公司位于南京汤山的制作生产基地。观朴品牌是聚焦传承明式精神内核、发扬传统生活美学的重要基地，其创始人雷濮玮作为南京市小木作非物质文化传承人，致力于明式家具的制作和生活美学传承。其中汤山地区的生产基地是核心技艺加工和展示区。按照明式家具生产工艺流程，厂区分为原料储存区、木料开料烘干区、精细加工区、榫卯加工区（分为不同榫卯机械设备）和初步组装区、打磨、上漆和成品区等。其中，最为吸引同学们的是榫卯加工区，各种加工设备和丰富多彩的金属开孔钻头是根据榫卯的类型和尺寸而定制的工具，这些工具是使现代榫卯加工提高生产效率的重要设备（图7）。

同学们观看工人现场加工榫卯并组合大型家具和复杂榫卯的工艺，为直观了解这一神秘的传统工艺推开了大门。在手工磨具划线的区域，我们看到挂在墙壁上各种各样的磨具板，那是家具中不同的组合模块系统。通过合理的方式将形状复杂的家具拆分为可以预制加工的小模块分别加工，然后进行组装形成成品。而组装所依赖的核心技艺正是"榫卯"这一非物质文化遗产。工匠们的过人之处正是利用榫卯将模块组合在一起，并使得人们在成品之中无法轻易看到这些榫卯拼接的痕迹。

同学们亲手参与了部分样品家具的榫卯拆解和组合，它们像一个个大型的实木玩具。动手参与的过程更让同学们深刻体会了这些隐藏在结构体内部的节点（图8）。

参观后，大家进行了基于榫卯节点的图解研学练习，以草图为媒介绘制了多种类型的榫卯节点图（图9）。

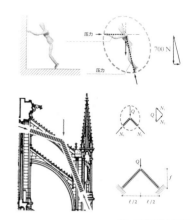

图5 飞扶壁静力图解
图片来源：Aurelio Muttoni, *The Art of Structure — Introduction to the Functioning of Structures in Architecture*, EPFL Press, 2011

恒荷载受力图解

图6 萨尔基那山谷桥静力图解
图片来源：Aurelio Muttoni, *The Art of Structure —Introduction to the Functioning of Structures in Architecture*, EPFL Press, 2011

图7 参观机械加工榫卯工艺
图片来源：笔者自摄

结语

　　课程完成后，同学们的体会真切反映了课题的意义。从他们的课程体会中，笔者摘取部分。有同学认为："教学研究可以架起木构理论与历史、木构营造技术与教学传承的桥梁，使得现有的理论知识可以通过传帮带等手段在师生间进行动态的、可反馈的传承。可以让学生在营造中具体掌握木构建造手法及制作原理。"有同学认为："运用木材进行实地建造的同时更进一步体会了材料、形式及空间之间的互动关系。实地的建造更是亲身感受了人在其中真实的尺度关系以及可能发生的活动。"有同学对实体建造有所领悟："在这次学习中，对我来说最大的收获就是对于实体建造有了初步的认识。不同于平时在电脑前画图，亲手操作让我体会到电脑前无法见到的许多问题。许多平时毫不在意的小细节可能对于整个方案会有很大的影响，方案构思、结构设计、节点设计，环环相扣，哪个环节都要保证合理。"有同学对结构有了更深刻的理解："结构本就可以作为一个源引导一个设计的产生，可以作为一个设计的主体展示对象；结构的思考是要靠手的操作和实践才能形成的，并非纸上可得。构件的基本物理属性、节点的承载能力，形成的空间与行为的关系只有在亲自打造的过程中，在一个个之前未想到的困境中才能得到进一步的感知和探索。"

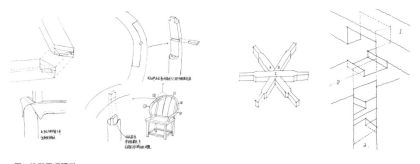

图9 榫卯原理研学
图片来源：课程成果

图8 拆解的榫卯家具实物
图片来源：笔者自摄

参考文献：

[1] 陈明达.中国古代木结构建筑技术 战国—北宋.北京：文物出版社，1990.

[2] Muttoni A. The art of structure: Introduction to the functioning of structures in architecture. Lausanne: EPFL Press, 2011.

[3] Rinke M, Schwartz J. Before steel: The introduction of structural iron and its consequences. Würzburg: Niggli, 2010.

[4] 韩晓峰，等. 木构营造：中国、加拿大当代木构设计与建造研究. 南京：江苏凤凰教育出版社，2016.

[5] 刘敦桢. 中国古代建筑史. 北京：中国建筑工业出版社，1983.

[6] 过汉泉. 古建筑木工. 北京：中国建筑工业出版社，2004.

[7] 赵广超. 不只中国木建筑. 香港：三联书店（香港）有限公司，2000.

[8] 井庆升. 清式大木作操作工艺. 北京：文物出版社，1985.

[9] 王贵祥，等. 中国古代木构建筑比例与尺度研究. 北京：中国建筑工业出版社，2011.

[10] 王世襄. 明式家具研究. 北京：生活·读书·新知三联书店，2013.

日本建具及其空间作用初探
A Brief Exploration of Japanese Tate-gu and Its Spatial Functions

董竞瑶
东南大学建筑学院 博士后，东京大学工学院 博士

1 日本建筑的重要构件——建具

1.1 建具的概念

有别于由厚实墙体围合的欧美建筑，日本传统建筑为典型的木质框架结构（图1）。水平构件（如屋顶）的结构、材料受到较多限制，而竖向分隔构件则有较为自由的发挥空间[1]。框架柱之间起分隔作用的"柱间装置"并非都是固定构件，还包括可以根据不同场景采用不同配置方法的可动构件，即障子、襖等各种建具。各时期匠人和建筑师依托当时的技术水平和实际需要，充分发挥创造力，设计了类型多样、实用美观的建具，丰富了建筑空间。19世纪后期，建具与浮世绘、漆器等一道作为日本特色输出海外，给欧洲世界带去对线面构成的新鲜理解[2]。

"建具"的称呼产生于日本中世时期（12—16世纪），特指日本建筑（特别是住宅）中用于分隔空间或控制开口部分开闭状态的构件[3]，主要包括各类门、窗和可移动隔墙等。

1.2 建具的发展变迁

建具最初由木板门发展而来。目前发现的最古老的建具是伊豆山木遗迹出土的弥生时期（约公元前4世纪—公元3世纪）的扉（木门）。

奈良时代（710—793），建筑多为广厅形式，内部缺乏分隔，除了木板门外几乎没有什么建具，仅用少量屏风（木骨架两面贴绢布）作简单限定。

进入平安时代（794—1191）后，作为贵族住宅的寝殿造诞生，其最大的特点之一便是蔀户的广泛使用。此时期的蔀户采用上悬开启方式，开启时需要通过从屋顶垂下的金属件固定，使用不甚方便。另外，尽管寝殿依然是广厅形式，但除了屏风、几帐外，逐渐出现了覆有绢织物的"衾障子"作为分隔建具以限定就寝区域（图2）。

中世武家社会的兴起使得会客需求提高。寝殿造逐渐被书院造取代。唐纸这种半透明材质从中国传入日本，取代了织物成为制作建具的重要材料。这种在木骨架两侧贴敷唐纸的建具被称作"襖障子"（亦称"唐纸障子"）。随着造纸技术的进一步提升，出现了兼顾采光和防寒防风的、用于外立面的推拉式"明障子"[4]。

襖障子逐渐向装饰物方向发展，华丽的襖绘（隔扇画，图3）成了重要的美术作品。同时，为了让室内有更明亮、更柔和的光线，银色云母矿石粉也被当作颜料用在画作中，以增强室内光线的反射；而明障子则为了追求更好的透光性，随着技术的进步逐渐采用更薄的和纸（由唐纸演化而来）和更细的木骨架。另外，随着榻榻米的普及和方形柱的使用，无转轴推拉式建具的占比迅速增大，而使用不便的悬挂式蔀户也大约于17世纪初退出历史舞台。

17世纪末18世纪初，建具的标准化基本完成[5]。日本古典落语剧目《宿替え》（《搬家》）描述了这样一次日本近世时期的搬家经历：在租房文化盛行的商业都市大阪，准备从一个出租屋搬到另一个出租屋的主人公，除了收拾好自己的个人物品，还把榻榻米甚至门槛都揭起来搬走了。虽说搬走门槛的行为的确过于特别，但每次搬家时带走各种内部建具及榻榻米着实是当时大阪租户的惯常操作[1]。这种由租户承担住宅内部建具配置的"裸租"习惯侧面反映了当时社会对建具标准化的要求。据《江户参府旅行日记》[2]记载，大阪城市住宅中，障子、襖等采用与榻榻米完全一致的尺寸，即高一间、宽半间[3]，这被纳入了住宅标准化设计体系中（图4）。标准化后得以量产的成品建具也是其当时能够实现在普通住宅中推广传播的前提保障。

图1 中世时期（12—16世纪）的建筑现场
图片来源：《松崎天神缘起绘卷-卷4（模本）》（1918）

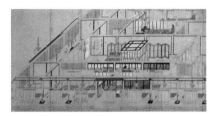

图2 平安时代寝殿造中的衾障子、屏风和几帐等建具
图片来源：东京国立国会图书馆《类聚雑要抄》（19世纪）

图3 襖绘
图片来源：《见立座敷狂言》（1821—1822）

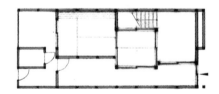

图4 丰崎长屋 北终长屋建设当初的1层平面复原图
——标准化的长屋
图片来源：https://madoken.jp/research/study-on-hashirama-sochi/7212/

如今，明障子常被称作"障子"，而无论两侧贴敷的是织物还是唐纸，用在室内的障子都被称作"襖"。

1.3 传统建具的主要种类

根据所处位置的不同，建具可大致分为外延建具与内部建具。外延建具主要为户及障子等，而内部建具主要有襖及栏间等。

（1）户

户，即门。根据转轴的不同分为遣户（采用垂直转轴）、蔀户（采用水平转轴）（图5）和板户（无转轴）三大类。根据工艺及样式的不同又有妻户（双开式垂直转轴遣户）（图6）、栈唐户（横向竖向都使用纤细的框，还可加入镂空纹样）（图7）、板栈户（一种厚重的悬吊式蔀户，防御性强）、一枚户（一块大板构成，无装饰）、舞良户（带有纤细窗棂的推拉式板户）（图6）、端喰户（将大板分割为两块或以上较小的板，并通过名为端喰的横向构件连接）等多种样式[6]。

（2）障子

障子是一种可移动的竖向围合构件，主要安装在外柱之间。根据腰板的有无、骨架形式的不同分为多种样式。较常见的有腰板障子、水腰障子、额入障子、太鼓障子、横繁障子、纵繁障子、猫间障子和雪见障子等（表1）。

图5 蔀户 开启（左）闭合（右）
图片来源：《慕归绘词》（1351）

图6 舞良户（左）妻户（右）
图片来源：《慕归绘词》（1351）

图7 栈唐户（净土寺净土堂）
图片来源：参考文献[7]

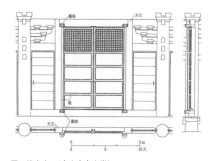

图8 筬栏间（龙吟庵方丈）
图片来源：参考文献[7]

表 1 障子的部分常见样式[4]

名称	图示	名称	图示
腰板障子 下部约有24~36 cm或60~90 cm的腰板。腰板上也可绘制彩画		横繁障子 横向的棂格更多。关东地区多见，多用于书院、茶室和寺院等地	
水腰障子 没有腰板的障子。该类型使用最为广泛		纵繁（柳）障子 纵向的棂格更多见于关西地区	
额入障子 中央嵌入小窗口的障子。该类型为昭和初期的典型样式		猫间障子 障子上还有左右推拉的小障子	
太鼓障子 内外两面都贴纸，寒冷地区常用		雪见障子 由上下可推拉活动的两部分组成	

（3）襖

襖也是一种可移动的竖向围合构件，主要安装在内柱与外柱、内柱与内柱之间。根据表面贴敷材质的不同、椢的有无等可分为诸多样式，主要为有椢襖、太鼓襖（亦称"坊主襖""无椢襖"）、源氏襖（为了采光其中套有小障子）和户襖（一面是唐纸，另一面是板户）等[5]。

（4）栏间

栏间为障子、襖等与吊顶面或屋顶之间的填充构件。根据设置位置的不同有间越栏间（设置在内部房间之间）、明栏间（设置在房间与室外或缘侧空间之间）、书院栏间（设置在壁龛侧面与室外之间）等。根据样式不同也可分为菱栏间、雕刻栏间、筬栏间（采用细密的竖格子样式，常用在书院栏间上）（图8）、浮雕栏间（亦称板栏间）、壁面栏间等。

2 建具的空间功能

柏木博认为，厚实墙体对空间的限定往往倾向于对领域或个人空间的声明，而日本传统的空间限定则更倾向于对人与物气息的细微体察[8]。建具从来都不是为了将内与外彻底隔离，而是：一方面对感觉方式进行限定，通过切断某些感知联系，保留另一些感知联系，进而创造出暧昧的空间；另一方面通过移动单个或多个建具，以对应不同气候或使用场景，调整空间氛围。这不仅是对空间功能的再分配，更是对人与人之间关系的再定义。

2.1 传统建具的现代转译

进入现代，随着各种新材料、新技术的涌入，建筑师在推敲空间时有了更多的选择，但障子、襖等所代表的建具思想并没有消失，而是作为一种独特的空间设计手段依然备受日本建筑师们的青睐。应对生活模式的改变和技术手段的进化，建筑师们对建具的设计也更加灵活发散，使得这类传统构件也顺利进入到现代建筑的构成中。

广义讲，传统建具可以转译为（1）具有可活动性的，（2）能够直接与人产生互动，由人操纵的，（3）控制建筑环境界面的构件。现代建具可以通过探索新的结构形式来拓展新的可动方式；采用新的材料以在其与人的互动中产生新的触感；设计新的操作方式以建立人与建具新的互动关系；决定什么要素可以通过界面而什么要素不能，把更多的要素，如光、风、空气、雨、人甚至昆虫等都纳入界面控制中，从而产生新的感官互动，展开新的故事。

2.2 建具的当代活用案例

（1）帘之家

帘之家（Curtain Wall House）是坂茂在1995年设计的住宅。建筑与环境的内界面为透明玻璃，外界面为白色帘子，从屋顶直接垂到二层露台（图9）。这里所用到的帘子，再现了传统日本住宅中的障子、雨户等传统建具所创造的开放性、流动性和对室内环境的控制作用。当关闭帘子、打开玻璃墙时，形成新的室内领域感（图10）。

（2）闻鸟庵

闻鸟庵（Glass Tea House Mondrian）为杉本博司在2014年威尼斯双年展上首次公开的作品。这座玻璃茶室被设计成长宽高皆为2.5m的小盒子，最多容纳两位顾客和一位沏茶师傅，并根据人的尺度设计了一高一矮两处单轨推拉门作为出入口（图11）。这种与身体建立的微妙关系与千利休的妙喜庵待庵设计有着异曲同工之妙（图12）。不同的是，后者进入狭窄入口后营造的是暗的、私密的个人空间，而前者通过狭窄入口进入的虽也是极小空间，但更类似一处公共舞台，玻璃盒子内的举动是被其他顾客远远注视着的表演。两扇门一个预示着表演的开始，一个标志着表演的结束，形成一种新的叙事。

（3）避难用临时隔断体系

2011年3月日本东北发生大地震并引发海啸，受灾民众被安置在体育馆、社区中心等避难所避难。当注意到众人在同一大空间内避难生活缺乏隐私保护时，坂茂建筑设计事务所牵头的建筑师志愿者网络（Voluntary Architects' Network，VAN）组织便为当时的大空间避难所设计了一套临时纸结构隔断体系，给灾民提供了基本隐私保障。利用成品纸管搭建梁柱结构，搭配可活动布帘，构成简单的分隔建具。人们可根据居住人数的不同、使用场景（白天活动、晚上休息）的不同来确定布帘的位置和开闭状态，灵活地划分空间（图13）。这种避难用临时隔断体系不禁让人联想到日本平安时代寝殿造中通过障子、几帐等划分大空间的空间原型（图2）[9]。两者都只做了最低限度的限定，分隔但不分离，构成了暧昧的空间体验。这种隔断体系易建易拆，使用方便，之后还用在了2016年熊本地震后的安置中。

（4）House N

藤本壮介认为住宅是关系性的场：从社会的角度讲，是个人与公共之间的关系性；从热工性能的角度讲，是内部与外部之间的关系性；从文化史的角度讲，是人工物与自然物之间的关系性。在日本传统住宅中，通常用障子、襖等建具在保持空间连通性的同时将空间限定出来，营造出层叠的空间节奏。这种暧昧的层叠空间正好成为关系场的缓冲（图14）。藤本壮介2008年设计的House N住宅便借鉴了这种关系场的缓冲手段，采用了三层箱体依次嵌套的结构，通过仔细设定每层开洞的位置，形成从外界到内部缓慢过渡的层叠空间连

图9 帘之家外景
图片来源：*https://www.worldarchitects.com/sv/ shigeru-banarchitects-tokyo/project/curtain-wall-house*

图10 帘之家内景
图片来源：*http://www.shigerubanarchitects.com/works/1995_curtain-wall-house/index.html*

图11 闻鸟庵作品（凡尔赛）
图片来源：*https://shinsoken.jp/works/glass-tea-housemondrianversailles/*

图12 妙喜庵待庵（模型）
图片来源：参考文献[10]

图13 日本东北大地震时搭建的临时隔断
图片来源：*http://thecityasaproject.org/ 2010/04/ hamed-khosravi/*

图14 桂离宫
图片来源：作者自摄

图15 House N 内景
图片来源：http://www.sou-fujimoto.net/

续体，给业主提供了一处介于个人与公共、内部与外部、人工与自然之间的丰富的空间体验（图15）。

引注：

1.参考早稻田大学中谷礼仁研究室的《柱间装置的文化志》系列研究　https://madoken.jp/research/study-on-hashirama-sochi/7212/。
2.由德国医生、博物学者Engelbert Kampfer于17世纪末著成。
3."间"的具体尺寸因时代与地方而异。
4.参考大阪文化财导航 https://osaka-bunkazainavi.org/bunkazai/glossary_category/。
5.参考 https://wafujyutaku.jp/japanese-style-room-cat/fusuma。

参考文献：

[1] 黒川紀章. 建築論：日本的空間へ（2）. 東京: 鹿島出版会，1982.
[2] 川崎剛明. 大正期の建築における柱間の変容についての史的考察. 大阪: 大阪市立大学大学院.
[3] 内田祥哉. 建築構法（5）. 東京: 市ケ谷出版社，2007.
[4] 西田雅嗣，矢ケ崎善太郎. 建築の歴史. 京都: 学芸出版社，2013.
[5] 谷直樹. 町に住まう知恵. 東京: 平凡社，2005.
[6] 高橋康夫. 建具のはなし. 東京: 鹿島出版会，1985.
[7] 日本建築学会. 日本建築史図集. 東京: 彰国社，2007.
[8] 柏木博，2004しきりの文化論. 東京：講談社.
[9] 磯崎新. 清少納言、あるいはアリアドネー. JA: The Japan Archi tect，2015, 99: 4–13.
[10] 土屋隆英，等.建築の日本展：その遺伝子のもたらすもの.東京: Echelle-1，2018.

木构曲面的直线建造之美
The Ruled Construction of Freeform Timber Shells

曹婷

哈尔滨工业大学建筑学院（深圳） 助理教授

引言

在现代木结构设计中，随着新的木材加工与处理工艺的发展，木材被运用到了更多样的建筑形式的建造中。胶合木，这种时常运用在家具设计中的木材处理工艺，也越来越多地运用在了建筑设计中。胶合木极强的可塑性促使木构建筑的形式从传统的直角正交系统拓展为更为丰富的非线性形式。木材处理工艺上的这一发展，与建筑设计中形式的"连续性"趋势相互推动，带来了木构建筑设计的诸多创新发展。本文介绍了一种特殊的基于直线系统的曲面设计方法，以及这类特殊曲面在木材处理、构造连接以及施工方式上的新探索。

1 建筑形式及其生成的连续性

20世纪90年代，相对于解构主义的碎片化，建筑界出现了一股提倡异质统一的"连续性理论"（theory of continuity）[1]。在此思潮的早期阶段，"连续性"强调形式变化过程的连续，以及其背后所隐含的数学原理。Peter Eisenman 第一个将"褶皱"（folding）的概念从法国哲学家 Gilles Deleuze 的著作中提取出来作为"连续性"的具体生成机制[2]，"褶皱"（folding）同时也成为"连续性"最初的物化形式。得益于同时期快速发展的计算机技术，控制形式连续变化的数学原理转化成了计算机中的微积分方程式，形式变化的"连续性"得以通过参数化模型的方式呈现在计算机中，而生成的形式本身，也由早期离散的折叠形式，发展成为连续光滑的曲面。"连续性"理论与计算机技术的结合，促成了数字时代新建筑形式的诞生[3]。在关于曲面的设计探索中，复合光滑双曲面得益于其为直纹曲面[1][4]的优势，可以利用直构件实现曲面的光滑性和连续性[5]，简化构造的连接方式，从而为曲面提供了低技、低成本建造的可能性。

2 光滑复合双曲面原理简介

双曲抛物面是光滑复合双曲面最基本的几何与结构单元。其几何特征与力学性能密切相关。作为一种直纹曲面，双曲抛物面可以由两组旋转的直线（直纹）定义（图1左）；而作为一种双曲面，它也可以由两组上下开口且相互平行的抛物线（曲面的主曲线）定义（图1右）。这两个几何特征赋予了双曲抛物面与其他光滑曲面不同的优势：作为一种直纹曲面其形式本身即暗示了简单、低技建造的可能性，而双曲的形态又带给了形式足够的结构坚固性。

在生成光滑复合双曲面的过程中，双曲抛物面单元有无数可能的组合方式，但在设计中需要寻找的是一种既符合结构力学原理又满足视觉美学要求的组合。双曲抛物面的组合原则需要保证多个双曲抛物面单元拼接在一起后不会引起弯矩的产生[6]（图2）。这个以结构受力为出发点而设立的几何塑形原则——共面原则，除了保证生成曲面的传力效率以外，也给几何形式本身带来视觉上的光滑连续性（图3）。

3 "引力波"木网壳曲面的设计与建造

3.1 项目背景

由于光滑复合双曲面特殊的几何与力学特征，它可以很好地与胶合木的制作方法结合起来，以低技、低成本的方式建造连续光滑的自由曲面结构。2019年8月由大象设计的为"引力场"公益活动而设计的临时场馆——"引力波"[2]，即是一个以胶合木为建造材料的实验性项目。其设计从激活城市空

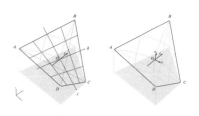

图1 双曲抛物面由两组直纹（左）或两组抛物线（右）所定义。双曲抛物面的轴线 r 是对角线 AC、BD 中点的连线

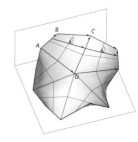

图2 每两个相接的双曲抛物面总满足共面原则，即相交于同一点的直线（直纹或是直边）总是共面的（如图中的直边 DC 与直纹 h_m^1 与 h_n^2）

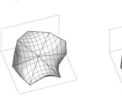

图3 曲面内每个组合单元都是直纹面（左）；组合的结果是光滑的自由曲面（右）

图4 "引力波"选址在上海世博园内的黄浦江畔，其整体形式以三面打开的姿态面对着开阔的江面、植被茂密的园区以及沿江的人行广场

18

间的目的出发，通过开放、新颖的曲面形态以及材料亲人、舒适的质感，为市民创造了一个驻足休憩与举办公共活动的临时性城市空间。

3.2 建筑与结构设计概念

从整体建筑概念上来说，"引力波"的设计模糊了传统意义上楼板与墙的界限，通过连续曲面的光滑翻转，将上与下、内与外动态地联系在一起，使得建筑空间呈现出类似孔洞般的流动性。从城市空间上来看，"引力波"选址在上海世博园内的黄浦江畔，其整体形式以三面打开的姿态面对着开阔的江面、植被茂密的园区以及沿江的人行广场（图4）。

基于城市空间的流动性与城市界面开放性的考虑，"引力波"的设计始于整体曲面的主曲线的设计思考（即曲面的竖直剖面）：一端升高开放、一端向下封闭（图5）。由这个基本的主曲线草图出发，"引力波"的设计最初由6个完全相同的光滑双曲抛物面组合而成。这六个曲面单元通过一个界定室内活动高度的水平面组织起来，三个曲面单元在平面之上而另外三个在其下：水平面之上的三个单元定义了构筑物高起开放的界面，而之下的三个单元则决定了与基座相联系的支点，从而带来相对封闭的界面（图6）。确定了曲面的整体起伏形态以后，在设计的进一步深化中，中心对称的六面组合原型被放置到了实际的基地中去考虑。为了强调面向黄浦江的景观，整个曲面沿着面对黄浦江的轴线拉伸，进一步强调出了方向感。在下一步的设计深化中，具体考虑了曲面实际建造中单元大小的可实施性，因而将6个双曲抛物面单元各自进一步细分为9个更小的双曲抛物面（外轮廓尺寸控制在1.2 m×1.8 m以内），整体曲面从而由54个双曲抛物面单元组合构成（图7、图8）。在对比了多个不同参数对应的形式以后，基于整体形式与建造构件尺度上的考量，选取了最终的曲面形态方案。整个曲面覆盖了约120 m²的面积，长轴方向长度约为15 m，短轴方向约为10 m。最高点达到了6 m，内部主空间高度约为4 m（图8）。

3.3 "引力波"木网壳曲面的建造

"引力波"的实验旨在用低技、低成本的建造方式，为当前复杂自由曲面的建造提供新的思路。由于整个曲面由单元组合而成，所以确立了先预制单元再现场组装的基本建造策略，整个建造过程也分成了两个相应的阶段。

3.3.1 单元预制

"引力波"的曲面形式由54个单元组合而成，都为双曲抛物面，每个单元的外轮廓大小控制在1.2 m×1.8 m的范围内。从几何原理上来讲，每个单元和整个曲面都可以用直构件组合而成。为了强调最后建成的效果是以相对连续的曲面的形式呈现出来，每个单元中的直线元素选择了长条形的木板材而非截面为圆形的木杆件来建造。由于双曲抛物面单元中的直线元素之间都有一个相对旋转角度，所以用长条木板来建造直构件时，需要沿着长条木板短轴的方向扭转一定的角度。为了简化建造过程，我们确立了预制单元四条边框，以边框为准切割内部构件的建造策略。整个建造流程可分为以下几个步骤：

图纸数据准备：通过建立参数化的单元数字模型快速地生成每条边框的相关建造数据：长度、扭转角度及打孔位置。

胶合木制作工具：由5片可以旋转固定的扇形钢板以及可以滑动的轨道组成（图9左上），可旋转的扇形钢板用以确定长木板的扭转角度，而可滑动的轨道用以调整扇形钢板之间的相对距离。

边框制作：将1 cm厚的长木片切割到正确长度并打孔，将其固定在胶合木工具的螺栓上（图9右上），逐层叠加并用胶黏合六层同样的木板，拧紧螺母，最后用有弹性的胶带将六层木板缠绕拉紧（图9下），四小时以后即可拆卸下来。

木质曲面单元制作：（1）将边框临时用螺栓连接起来并用绳索固定对角长度（图10左上），确定整个单元的形态，标出多余部分的位置。（2）切去边框多余部分的一半厚度（图10右上），并将两根边框胶合起来切掉所有多余部分。（3）在边框打孔的位置用开槽器开出长方形的槽口（图10中左），

图5 设计初始概念，曲线一端向下封闭、一端升高开放面向江面

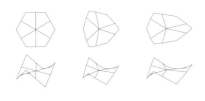

图6 "引力波"的设计最初由6个完全相同的光滑双曲抛物面组合而成

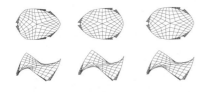

图7 将6个双曲抛物面单元各自进一步细分为更小的双曲抛物面，调整参数进一步控制形态，得到更光滑的外轮廓。同时将单元的大小控制在方便运输的尺度内

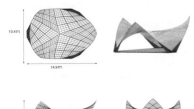

图8 "引力波"的最终设计方案

将木条的一端插入槽口，另一端切掉多余的部分并插入另一侧边框的槽口中（图10中右），重复三层，用螺栓将其与边框相接（图10下）。（4）在框架网格上按对角主曲线的方向覆盖上部分木条(图11)，用以固定单元曲面的形态，同时可以拆掉对角拉索。

3.3.2 现场装配

当54个单元预制好以后，按照曲率递进的规律，将单元曲面多个叠加后由货车分批次运送到建造场地。与此同时，三角基座也在工厂内用钢板预制好运送到现场。现场装配从三角基座开始，根据图纸在基地上定位放好三个基座，并用钢片在底部连接起来。在每个三角基座上都预先焊接了小块钢板（图12），通过螺栓跟木质曲面单元连接起来。单元曲面的装配从靠近钢基座的底部开始，逐层向上延伸。得益于双曲抛物面单元自身的坚固性，整个装配过程中不需要复杂的脚手架支撑，只需局部支撑和搭建简单的操作平台即可（图13）。单元曲面之间通过小块的钢板和螺栓连接起来（图14），在所有的单元安装到位后，再整体覆盖上两层各1.5cm厚的木条，加强单元之间的整体稳固性。整个现场的装配工作历时7天完成。

3.4 建成效果

"引力波"木网壳曲面建成的整体厚度仅为9cm，极为轻薄。其木框架与覆盖的木条交错形成了独特的表皮纹理与光影效果，与江面零碎的波光以及林中斑驳的日光相呼应，呈现出极为和睦的状态。"引力波"装置在平时成为世博园游人休憩远眺的新景点（图15至图17），而在举行公共活动时成为容纳交往互动的开放场馆。一系列的社会活动如舞台表演、手工艺讲座被容纳在了这个120 m²左右的开放空间内，给原本平淡的城市空间添加了一个激活点，促使人们以一种新的视角去观赏周围的景观，并以一种新的方式使用日常生活中的公共城市空间。

4 结语

光滑复合双曲面是一种同时整合结构性能与建造技术的新型自由曲面结构。它以双曲抛物面为基本组合单元，通过单元的光滑连接创造出了多样的设计可能性，同时利用单元特殊的几何形式与力学原理，避免了在曲面设计与建造中时常出现的结构与建造的复杂性。这种局部为线性元素的曲面，可以与常见的、制作木梁的胶合木工艺结合起来。同时由于光滑复合双曲面结构自身力学性能上的优势，可以有效地降低构件的材料厚度，从而减少胶合木黏合的层数与建造难度，使得形体相对复杂的曲面结构得以低技、低成本的方式建造。

致谢

感谢慕尼黑工业大学的 D'Acunto Pierluigi 教授，苏黎世联邦理工学院的 Tellini Alessandro、王帅中，以及大象设计的王彦在"引力波"装置的设计与建造中提供的帮助与支持。

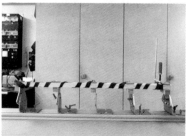

图9 制作胶合木边框的工具及边框制作过程

图10 一个单元四条边框及内部木条的组装制作过程

图11 （左上）一个单元的完整框架；（右上）试拼四个单元的框架；（下）用细长木条覆盖框架，得到一个相对稳定的单元

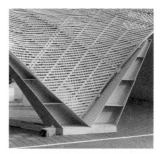

图12 现场装配首先将三个钢支点在场地内定位并用钢构件在底部连接起来

图13 在抛物双面单元拼接的过程中只需要简单的操作平台和支架即可

图14 木网壳单元与钢支座通过预先焊接好的钢板相连，木网壳单元之间通过小块的钢板和螺栓连接起来

图15 "引力波"建成后，其内部容纳了一些城市公共活动

图16 从"引力波"内部眺望江面

图17 从"引力波"内部眺望世博公园

引注：

1.直纹面是可以由一组直线定义的曲面。

2.临时装置"引力波"的名字取自其容纳的"引力场"城市活动，由于其建在江边且呈现出起伏的曲面形态，因而以此名字用以呼应江中起伏的波浪。

参考文献：

[1] Lynn G. Folding in architecture. California: Academy Press, 1993.

[2] Einsenman P. Folding in time. Architectural Design,1993,63: 1-4.

[3] Carpo M. Ten years of folding // Oxman R, Oxman R. Theories of the digital in architecture. London: Routledge, 2014.

[4] Pottman H. Architecture geometry. Exton, PA: Bentley Institute Press, 2007.

[5] Bechthold M. Innovative surface structures: Technology and applications. Abingdon: Taylor & Francis, 2008.

[6] Cao T. Schwartz J, Kotonic T. The global equilibrium of hypar-combined shells based on the method of graphic statics// Proceedings of the IASS Annual Symposia 2017, Hamburg, 2017.

下篇：
教学实录

PART TWO：
TEACHING RECORDS

朱颖文　郭瑞
Yingwen Zhu　Rui Guo

燕南　王双
Nan Yan　Shuang Wang

Assignment 1

Making a Chair

王正欣　奥迪
Zhengxin Wang　Davish

刁卓悦　陈哲中　胡啸
Zhuoyue Diao　Zhezhong Chen　Xiao Hu

俞昊　肖晔
Hao Yu　Ye Xiao

肖畅　李启明
Chang Xiao　Qiming Li

制作一把椅子

王笑天　马筑卿
Xiaotian Wang　Zhuqing Ma

课程作业内容:

　　一把平面最大投影尺寸小于60 cm×40 cm的椅子（带扶手）或者凳子（不带扶手），或者介于椅子和凳子之间的坐具。

设计要求:

　　1. 全部使用木材作为材料进行设计和建造。
　　2. 木材杆件或者板材之间的连接方式必须以榫卯为主要连接方式，可以全部是榫卯，也可以根据设计选择局部用螺钉或螺栓。
　　3. 榫卯类型不超过三种，以能够自主操作完成为佳。

评价标准:

（据次序，重要性以此递减）

　　1. 坐在此家具上，无摇晃等不稳定的感觉。
　　2. 节点连接有效、美观。
　　3. 整体外观形式与传统家具有传承，并鼓励具有一定程度的创新性。
　　4. 舒适性。

从一把日常椅子开始

韩晓峰

椅山
（图片来源：中国美院建筑学院十年实验教学展拍摄）

椅子是我们每个人每天使用的物体，它太过日常，以至于我们常常忘记其中蕴含的学理。木椅子的制作，把同学们从以制图为核心的设计教育中拉回到直接面对木材这一中国传统中核心的建筑物料。

椅子要承载一个人身体的重量以及身体动作带来的左右扭动，恒荷载和瞬间荷载都需要对应。木料尺寸的选择需要考虑荷载问题。同时，木料截面尺寸常规在4~10 cm，这样的小尺寸使得同学们不得不思考杆件如何在节点处相互地牢固连接在一起。一个椅子整体的牢固性，不是取决于木材杆件本身的力学性，而是节点的连接效率。节点的设计可以从古代匠师传承的榫卯节点中学习，这是中国学生本该有的独特的学习资源。椅子制作的学习环节规定了节点以榫卯方式进行。不得不提的是，传统的家具，特别是明代家具极简、纤细的线条为其赢得了举世公认的声誉，但是这些极小截面尺寸的木料是以价格昂贵的红木类硬木材料实现的，一般红木的密度是普通市场松木密度的2.5倍，价格则是普通松木的10倍甚至更高。硬木的连接节点坚固性会高很多。所以课程里所用的松木木材制作榫卯节点反而变得难度更加大。

另一个跟建筑学直接相关的核心问题是整体形态的风格和美学问题。同样的松木材料，通过设计组合后呈现出不同的视觉风格，如类似明家具的古典风格、类似风格派的线面几何现代风格或是混搭风格，抑或是厚重感觉、轻盈感、简洁感、装饰感等不同的视觉感知。在满足椅子力学受力稳定的要求下，设计者会从不同的角度思考椅子的形态、杆件系统组合方式等设计问题，并以手绘或电脑辅助手段进行绘图、模型等手段确定设计。这个过程与建筑学的设计过程类似，但是差异是设计图纸马上可以通过材料的制作转化为实物成果。同学们能够及时感知图纸与实物之间的协同关系。而建筑学的学习通常一直沉浸在图纸的虚拟性中，实物的成果可以帮助同学实时反馈设计的几个核心问题：杆件系统的视觉形态、杆件系统的力学性能、节点连接的效率及其对视觉的影响。

我们身边的日常家具中，木椅子可能已经不多见了，取而代之的多是钢造骨架覆盖以皮革面层或是人造合成木材，或是塑料材的整体成型等。这些新型工业化材料同样已经在当代建筑营造中占了很大分量。这些材料必须在专业的工厂中通过机械进行加工，这使得设计师们的双手和大脑被分离，从而剥离了很多手脑关联的灵性。

后来我在参观中国美术学院建筑与艺术学院"十年实验"展览时看到一年级入门阶段设立的4~5周的椅子设计与制作课程。课程主题为"先做再说"。在课程目的介绍中，主持老师认为：第一，通过亲手制作，建立对木材这一基本材料的领悟，培养严谨而充满智慧的工作态度。第二，培养一种"动手"和"动脑"并行，甚至"动手"先行的习惯。通过"动手"的方式围绕"物料"进行探索，激发对事物成因的发现和对事物建造的兴趣，为学生开启达到"心脑"合一的匠人状态的路径。

分段折叠椅
Section Folding Chair

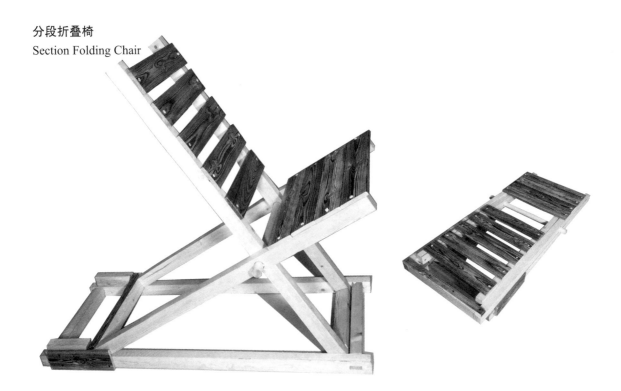

考虑到原料中圆形木料的利用，我们设计并制造了一把折叠椅：易于搬运、造型优美、受力合理。剪刀状交叉的两组平行结构在功能上作为椅子腿的同时形成了坐面和靠背的结构支撑，利用质地坚硬纹路明显的木板原料联结每组平行结构的两根木料而形成坐面和靠背面。最后通过一个放置于底面的框架限定剪刀状结构的形态，形成稳定的折叠椅结构。

Considering of the utilization of the round wood materials, we design and manufacture a folding chair: easy to carry, have a beautiful shape and a reasonable stucture. Two sets of parallel structures intersecting in a scissor shape not only work as the chair legs but also form the support of the surface and the backrest. We utilize hard wood board materials to connect the parallel structures and at the same time it works as the seat surface and the backrest. Finally, this scissor structure is fixed by a frame placed at the bottom surface and a stable folding chair structure is formed.

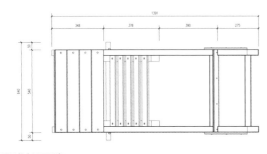

展开状态平面示意
Layout When Expanded

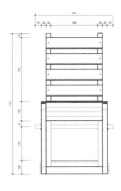

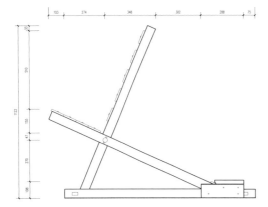

展开状态立面示意1
Elevation When Expanded 1

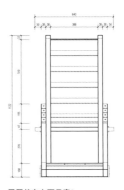

展开状态立面示意2
Elevation When Expanded 2

安装详解
Installation Steps

1.平行结构与底部固定框架的组装
   The installation of parallel structures and
   the frame on the bottom surface.

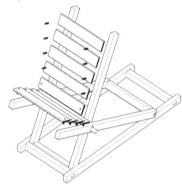

2.两组平行结构剪刀状交叉组合,通过圆木轴和底部框架
   形成结构体系
   The combination of two sets of parallel
   structures by wooden shaft and wooden frame.

3.利用质地坚硬纹路明显的木板原料联结每组平行结构的
   两根木料而形成坐面和靠背面
   Utilizing hard wood board materials to connect the parallel
   structures and at the same time it works as the seat surface
   and the backrest.

4.防止剪刀结构起翘在底部框架加设卡槽
   Adding slots on the bottom frame to prevent the scissors
   structure from warping.

结构照片
Photos of Structure

结构可变性研究
Research on Structural Variability

1.椅轴在靠背的支撑结构上滑动带来的变形
   The deformation caused by the chair shaft
   sliding on the supporting structure of the backrest.

2.椅轴在坐面的支撑结构上滑动带来的变形
   The deformation caused by the chair shaft
   sliding on the supporting structure of the seat.

3.坐面支撑结构与底面框架交接点的滑动带来的变形
   The deformation caused by the joint's sliding between the
   supporting structure of seat and the bottom frame.

官帽椅
Official's Hat Style Chair

Wood beauty. Traditional exquisite furniture is mostly made of hardwoods: precious hardwoods may win with texture, such as Huanghuali wood and Xichi wood; or with quality colors, such as ebony red sandalwood.

Form beauty. Each piece of space is divided between virtuality and reality, the thickness of the components is short and long, the curvature of the curve is sharp, and the sharp and blunt unevenness of the feet is just right.

Structure beauty. Traditional furniture applies the style and technique of the large wooden beam frame , which strengthens the rigidity of the joints, forces the angle to be unchanged and the whole to be fixed.

Carving beauty. There are intaglio, high and low relief, fretwork, round carving and two or even more combinations of techniques.

Sculpture beauty. Ancient craftsmen were good at using different woods to engrave and inlay them to create patterns and textures.

木材美。传统的考究家具多用硬木制成：珍贵的硬木或以纹理胜，如黄花梨及鸡翅木；或以质色胜，如乌木紫檀。

造型美。每一件家具的空间虚实分割，构件的粗细短长，弧度的弯转急缓，线脚的锐钝凹凸，都恰到好处。

结构美。传统家具把大木梁架的样式和手法运用到家具上，加强了结点的刚度，迫使角度不变、整体固定。

雕刻美。有阴刻、高低浮雕、透雕、圆雕及两种乃至更多种技法的结合。

装饰美。古代匠师善于利用不同木材镂刻填嵌，互作花纹、质地。

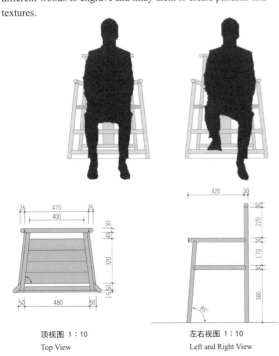

顶视图 1：10	左右视图 1：10	前视图 1：0	后视图 1：10
Top View	Left and Right View	Front View	Back View

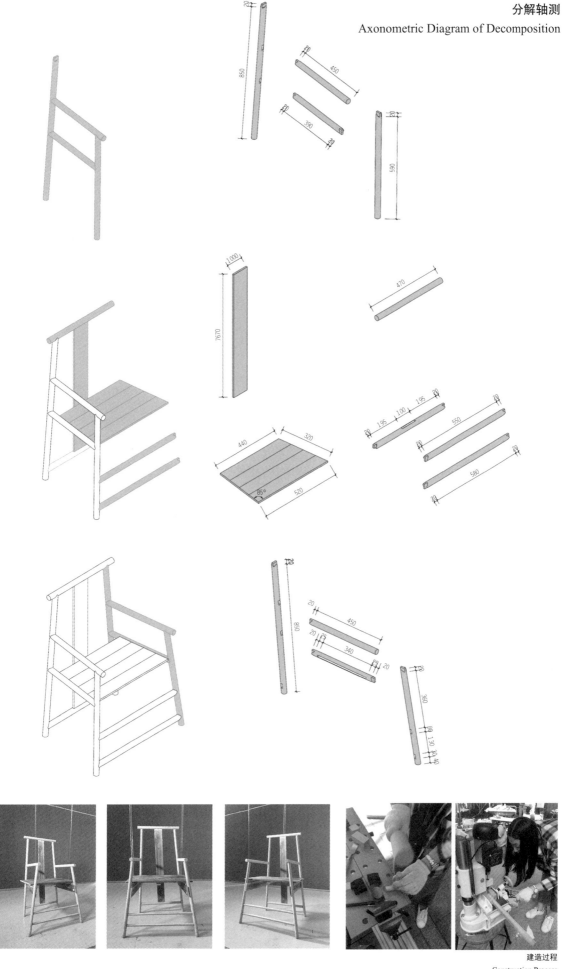

圆木插销椅
Chair with Round Bolt

场景蒙太奇：从内院往校园方向看
Montage: from Courtyard to Campus

选取明清家具中最典型的两种椅子：机凳、靠背椅，对其构造节点、受力方式进行研究。

木构件之间的连接采用插接的榫卯结构，包括杆件之间的连接、杆件与板之间的连接。受力体系分为两部分：竖向杆件起支撑作用，横向杆件起联系作用。

Stools and backrest chairs are the two most typical chairs of Ming-Qing furniture, They can be used as a case study of construction node and force method.

The connection between the wooden members is a plugged tenon structure. The force system is divided into two parts: the vertical rods play a supporting role, and the horizontal rods play a connecting role.

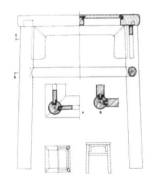

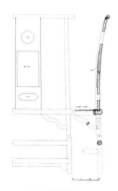

机凳
Stool

靠背椅
Backrest Chair

明清家具研究
Furniture Research in Ming and Qing Dynasties

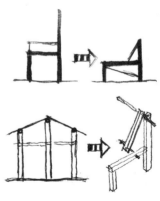

概念草图
Concept Sketch

对传统靠背椅的形式进行变形，改变其受力形式。

构件之间的连接借鉴南方传统的屋架形式——穿斗式，用横向构件连接椅子各个构件。

Transform the form of the traditional backrest chair to change its force-bearing form.

The connection between the components is borrowed from the traditional truss form of the south—the bucket type, the cross members are used to connect the various members of the chair.

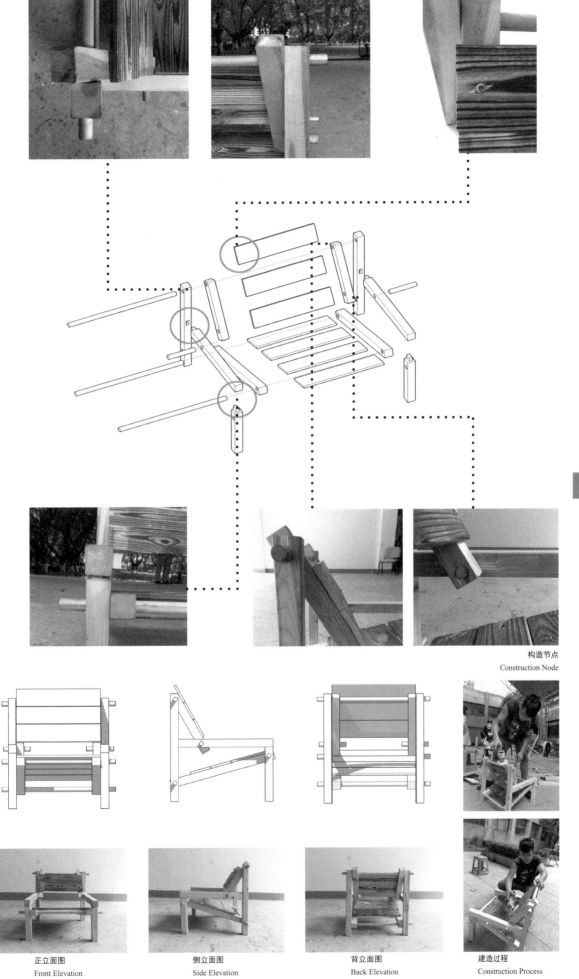

构造节点
Construction Node

正立面图
Front Elevation

侧立面图
Side Elevation

背立面图
Back Elevation

建造过程
Construction Process

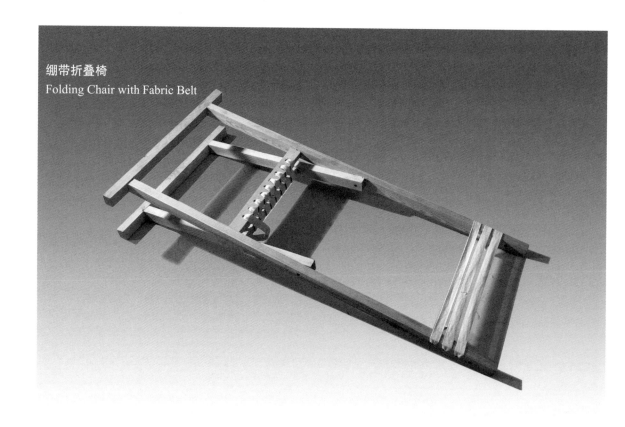

绷带折叠椅
Folding Chair with Fabric Belt

安装过程图解
Digram of Installation Process

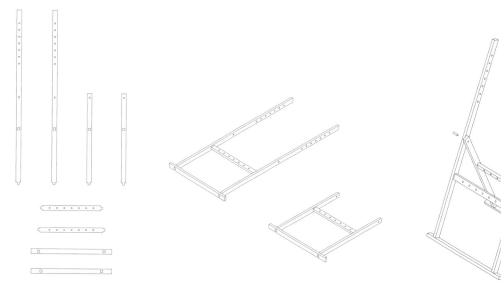

基本木构件
Basic Wood Components

组装并校准平面单元
Assemble and Calibrate the Planar Unit

拼装整体
Assemble the Whole

木构件连接示意图
Wooden Component Connection Diagram

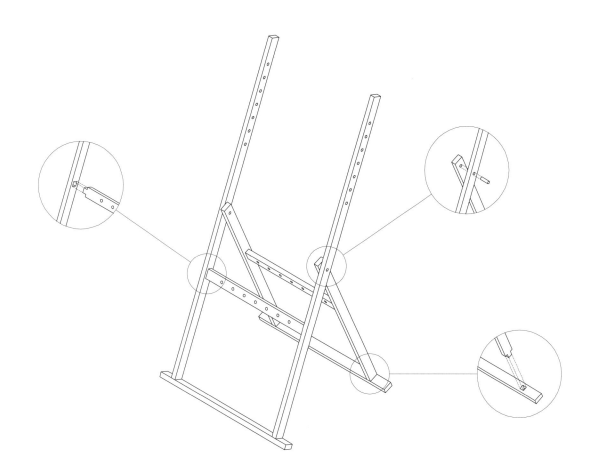

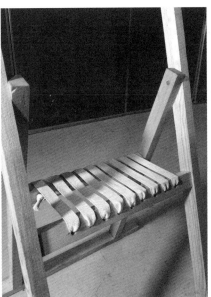

三合椅
Three Side Chair

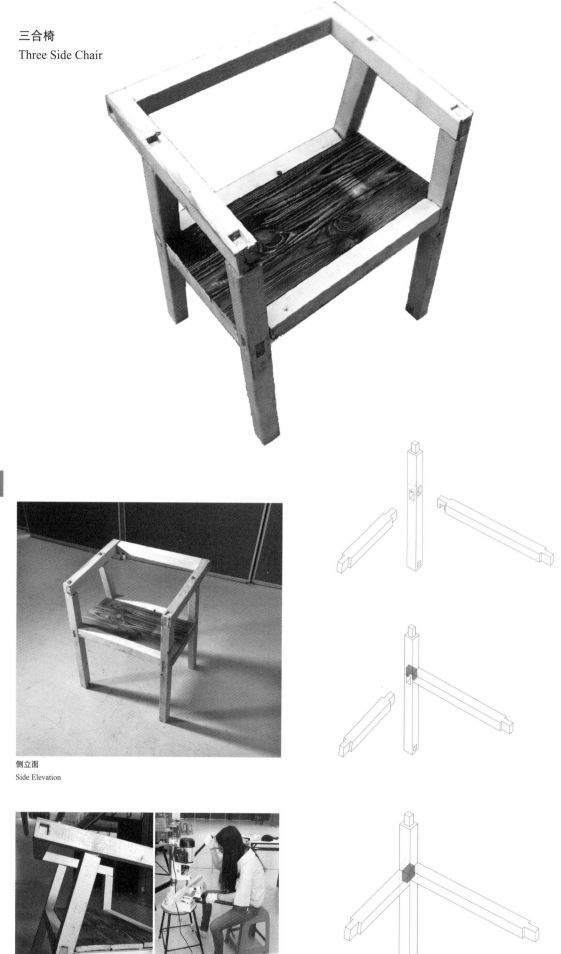

侧立面
Side Elevation

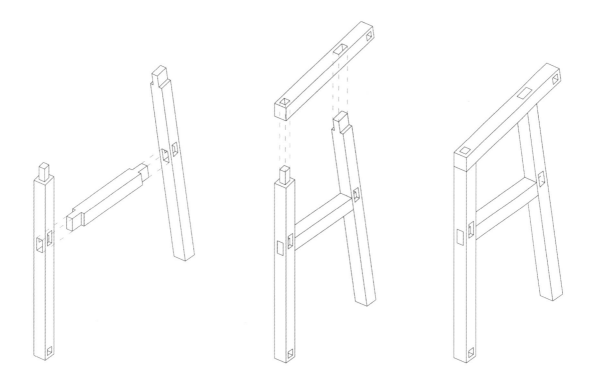

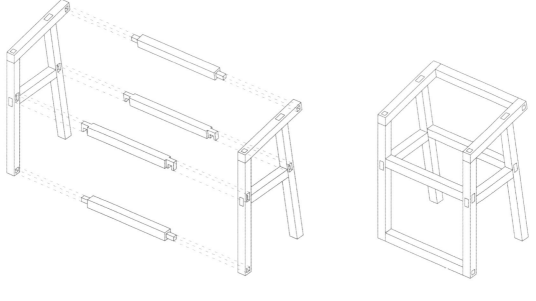

"X" 椅
"X" Chair

基于材料尺寸、使用要求和形态需求，关于节点我们选用了三种连接方式：

1.椅子底部和凳面的十字交叉支撑采用了木料双向的卡接。

2.椅腿和凳面的交接采用双向卡接和木螺栓的组合。

3.椅背面和杆件采用了单面卡接和木螺栓的组合。

Based on material sizes, usage requirements, and morphological requirements, we choose three connection methods for nodes:

1. The joint of the chair bottom and the stool surface adopts a combination of the bidirectional clamping joint.

2. The joint of the chair leg and the stool surface adopts a combination of the bidirectional clamping joint and wooden bolts.

3. The back of the chair and the rod are assembled with a single side clamping and wooden bolts.

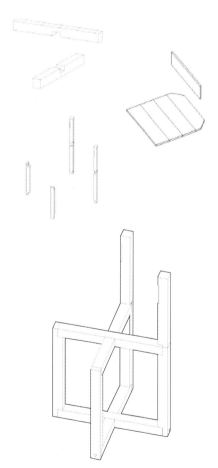

构件轴测分解图
Decompositional Axonometric Diagram of Components

立面图
Elevation

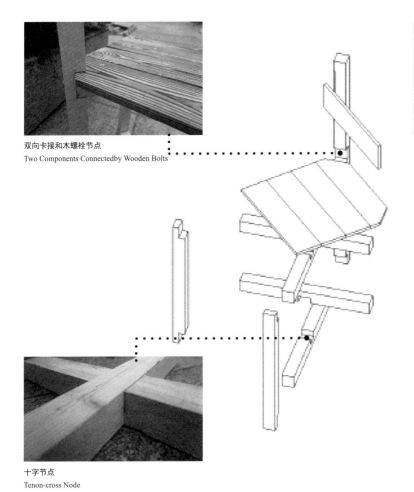

双向卡接和木螺栓节点
Two Components Connected by Wooden Bolts

单向卡接和木螺栓节点
Single Components Connected by
Wooden Bolts

十字节点
Tenon-cross Node

L型节点
Tenon-L-Shape Node

背立面
Chair Back Profile

相同形式逻辑的家具（桌子、椅子等）
Furniture (Desk, Chair) from the Same Form Logic

45° 椅
45° Chair

基于对木构节点和传统中国木椅子的了解，我们决定在最常见的"基础款椅子"的形态及座椅方向上作出改变，设计出一款不同于传统家具的椅子，使椅子的形态更富趣味性。

Based on our understanding of wooden nodes and traditional Chinese wooden chairs, we decide to change the shape and direction of the seat of the most common "basic chair", and designed a piece of furniture that is different from the traditional furniture to make the shape of the chair more interesting.

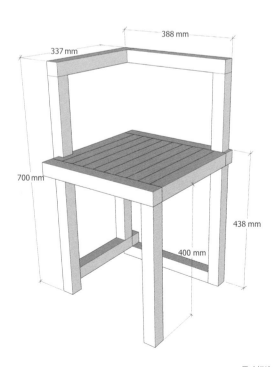

木构节点研究
Joint Study

尺寸标注
Dimension

制作过程1
Step1

制作过程2
Step2

制作过程3
Step3

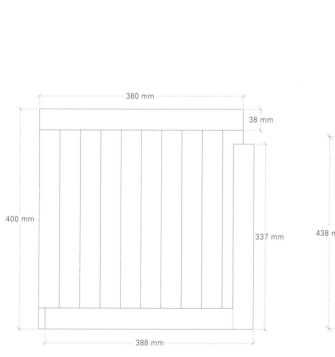

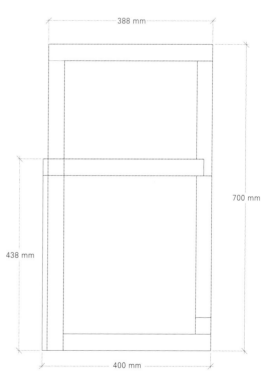

380 mm

38 mm

400 mm

337 mm

388 mm

388 mm

700 mm

438 mm

400 mm

平面图
Floor Plan

立面图
Elevation

Assignment 2

Wooden Bridge and Structural Span

木桥与结构跨度

设计内容

在前工院内建造一座平面投影尺寸为2.7 m×1.2 m的桥（可以带扶手，或者局部做廊桥）。桥面坡度小于10°。桥面下通航孔宽度不小于1.8 m，桥面到地面高度小于0.8 m。

（以上桥面到地面高度可以根据实际情况略有调整）

设计要求

1. 使用给定的木材材料。单根木材长度不超过1.5 m。
2. 桥体可以实现结构跨度，并保证数人通行时结构稳定。

评价标准

（据次序，重要性依次递减）

1. 桥体形式和结构系统、木材连接节点的统一性和高效性。
2. 节点连接有效、简洁、美观。（非常重要）
3. 长向跨度和短向结构面均具有较好的稳定性。

木桥与结构跨度

韩晓峰

设计并制作一座桥，达到规定跨度，这是课程中第二个练习作业。相比椅子的制作，这个练习的难度加大了，同时小组成员人数也变成4人。

桥，是历史悠久而且与人类生活密切相关的构筑物，同椅子与人身体之间的关系有着直观的差异，桥往往尺度超越身体，因为作为一个公共型的构筑物，桥必须能够同时承载两人以上的荷载，同时要受到自然风、雨、雪等因素的加载。其与身体的关联更多是结构性的，桥体通过结构系统连接成为能够跨越自然河流、山谷的跨度体，使得被自然分割的空间重新连接成身体可以通行的路径。在尚未有钢铁和混凝土这样的工业型材料之前的传统时期，木桥、砖桥和石桥是主要的桥梁类型。

木桥、砖桥和石桥从材料特征来讲，都是以单元性小体块或者小杆件为基本建造单元。那么小小尺度的单元材如何形成大跨度的桥体？其中蕴含的知识是建筑学和工程学科内非常核心的结构学理。木桥的设计练习，正是试图通过制作木桥使得同学们理解小尺度木杆件如何连接形成大跨度的结构系统。因为是小杆件，所以杆件之间需要连接节点的设计，这些都是木构桥蕴含的内在结构特征。因为，与混凝土浇筑桥梁相比，混凝土桥是整体浇筑一体的实体，内部并没有需要连接的混凝土杆件。钢结构桥梁与木结构类似，采用了杆件连接的方式构筑结构系统，但钢构件本身因为强度大，所以杆件类型非常多样，如工字型钢、H型钢、L型钢、口字型钢等，并且钢构件可以进行焊接，钢构件节点既能承受拉力，也能承受压力，这些材性是木构件材料欠缺的。木材结构性能具有很强的单一性，如：顺纹方向具有很好的抗压性能，也具有一定抗拉性能；垂直纹路方向抗拉力几乎为零，抗压力极弱。垂直纹路方向具有很强的抗弯力。木材材性的结构特征使得制作木桥的练习变得非常具有挑战性，但也起到了很好的训练结构设计思维的作用。当然，木材具有其他任何材料所不具备的特性，松木或杉木这类软木、中等硬木可以用传统木工工具进行手工加工，并且购买、运输方便，操作现场环境噪音小、整洁卫生，材料污染小，是洁净绿色的材料。相信经过这个练习，同学们都能更加深刻地领会木材这一古老材料在当下的设计学科和建筑学科里依然具有不可替代的重要作用。

西方建筑历史中显性的材料是石头，从几百年慢慢建成的大教堂，到古罗马时期依然能够保存下来的许多建筑遗址中，我们看见石头建造的历史。当然，隐性的木材历史被历史学家忽略了。之所以这么说，是因为至今我们从很多大型教堂建筑或者公共建筑复杂的古典式样的屋顶造型中可以读出木结构的语言。只有木结构能够快捷化、准确化地建造出如此丰富多样、传承文化符号的屋顶系统。

并且，木结构系统可以很好地承载屋顶上的空间结构跨度。石头主要建造了垂直方向的结构墙体，石头穹顶是特殊的结构体，耗费人力、财力巨大，因此即使在西方也是仅在特别重要的教堂等公共建筑中看到。

因此，我们认为木结构桥的练习，其内蕴含的学理价值绝非仅仅桥梁这样的构筑物，它应该被扩大到更加广泛的对于"空间跨度"的获得方式的理解上来。木桥的制作需要更好地理解木材材料特性、节点方式等许多基本的结构知识。

椅子的制作让同学们初步了解了木材的硬度、加工的手感、榫卯制作的程序和方法、工具的操作等基础性技能，也初步接触了榫卯节点连接与身体重量之间的力学变形关系，但是其整体受力仅在单个人体，因此无法检验力学性能。而木桥，则从更抽象、更系统的层面使大家不得不面对小木杆件如何经过设计组合成为可供许多人同时站立行走的坚固结构体。

木桥的设计练习，分为三个主要步骤：第一，先撇开关于材料的讨论，直接进行结构力学中抽象线图的结构原理学习，比如最简单的简支结构，到略有变化的人字拱结构，到复杂一些的拱形结构、桁架结构、悬索结构、伸臂系统结构、网架系统结构等。用心体会这些不同类的结构形态中蕴含的力学学理。以最简易的材料随手迅速搭出不同的结构形式，体会其中的差异。第二，则是纳入不同的材料进行深入比较思考，如同样是拱形结构，其抽象结构分析图解是相同的，但是分别以砖、石头、木材、混凝土和钢材建造同样的拱形结构时，巨大的差异出现了，每种材料因为材性的差异，导致单元材料之间的连接节点完全不同。比如，必须以灰缝连接剂把砖连为整体，并且需要预先搭建支撑架找好拱形形状。这样，在灰缝剂干了之后，砖块连为整体了，拆除支架，砖拱才能自身站立。石头拱与砖拱颇为类似，但是因为单元体块更大，并且单块石材可以预加工成需要的弧形，更有利于形成拱券。而木材建造拱券这一形态时，我国古代绘画《清明上河图》中有画面传承下来的编木拱技术则是非常具有启发性和反映古代工匠智慧的做法，短木杆件相互编织形成了更大的空间跨度，这是因为编织的构造中木材主要受力状态是垂直纹理的压力和顺纹理的弯矩力，这些充分发挥了木材的力学优势，从而使得小木杆件能够形成高效的跨度结构。第三，则是在选定的材料和结构形态中，深入比较、深入研究节点的构造连接方式。节点的研究对整体造型的美观、系统力的传递有效性、材料性能的发挥有决定作用。以上三个步骤全部完成后，同学们会对木桥及其空间跨度有初步的认知。这将为后续的空间建具的设计和制作储备坚固的学理知识。

燕尾榫木拱桥侧立面
Side Elevation of Dovetail Wooden Arch Bridge

平行排列的四组木构件单元通过横梁连接成单品拱结构，互成165°的七品拱结构体通过榫卯品品相扣，并有机与栏杆和桥面结构整合，底部由拉索解决侧推力问题，形成稳固的拱桥结构体系。

Four groups of wooden members arranged in parallel are connected by beams to create a single arch structure. The seven arch structures of 165° are interlocked by mortise and tenon, and are organically integrated with the railing and bridge deck structure, and at the bottom the lateral thrust problem is solved by the cable, forming a stable arch bridge structure system.

局部照片
Photos of Portion

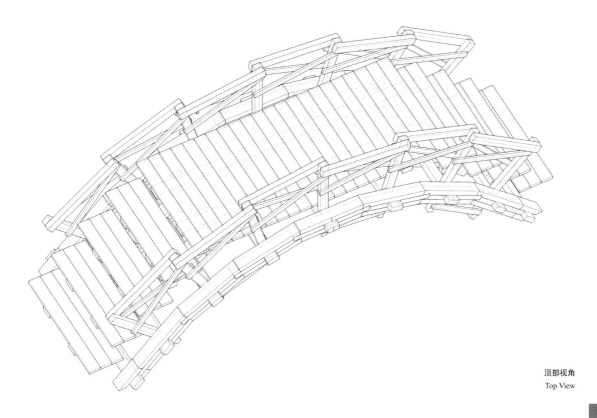

顶部视角
Top View

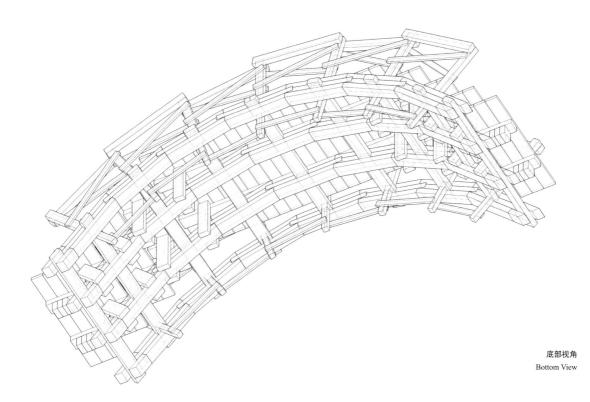

底部视角
Bottom View

分解轴测
Axonometric Diagram of Decomposition

拼板桥面
Slab Bridge Deck

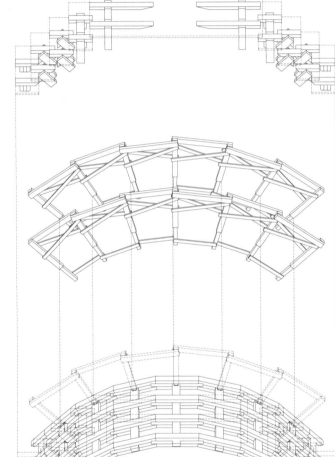

桥面支撑
Deck Support

次级结构——栏杆
Secondary Structure-Railing

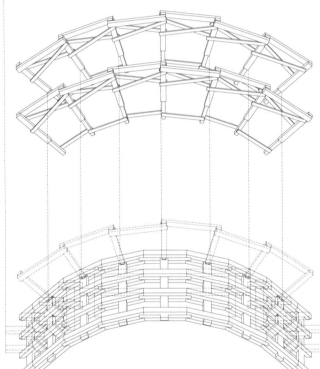

最终成果
The Final Result

桥身节点
Joints of Supporting Structure

桥面节点
Joints of Bridge Deck

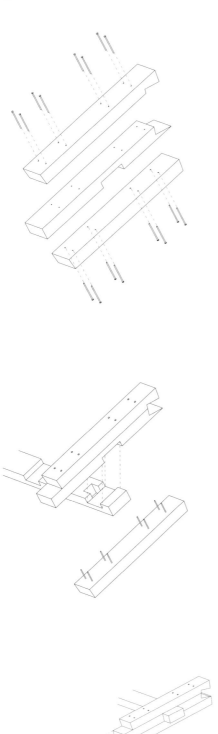

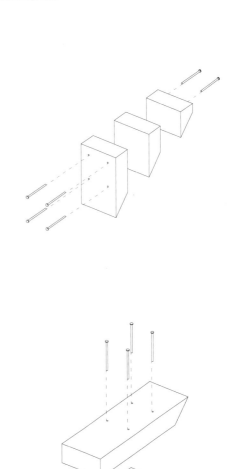

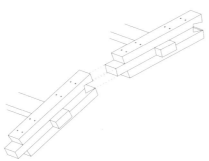

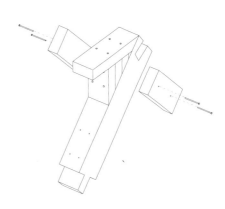

生成过程
Generation Process

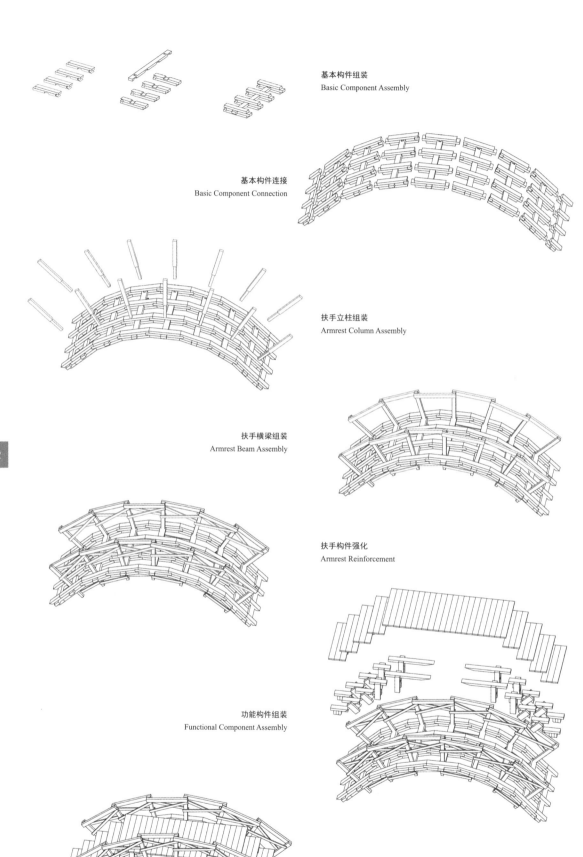

基本构件组装
Basic Component Assembly

基本构件连接
Basic Component Connection

扶手立柱组装
Armrest Column Assembly

扶手横梁组装
Armrest Beam Assembly

扶手构件强化
Armrest Reinforcement

功能构件组装
Functional Component Assembly

完成
Completion

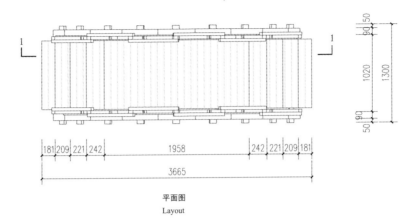

平面图
Layout

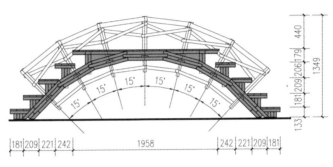

1-1剖面图
1-1Section

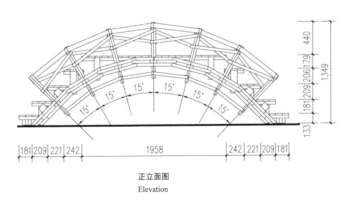

正立面图
Elevation

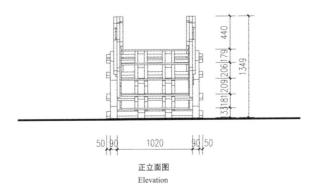

正立面图
Elevation

伸臂木桥 实景
Wooden Bracket Bridge

54

抬梁式屋架结构由层层屋架堆叠而成，使结构具有垂直向上生长的特性，发戗结构使斜梁向外挑出，具有水平向生长的特性。

构思：将这两种结构的基本原型结合形成一种斜向、垂直和水平方向同时生长的结构。

The structure of the Post-and-Beam has the characteristics of vertical growth of the structure, and the corner cantilever structure makes the inclined beam protrude outwards and has the characteristic of horizontal growth.

Combining the basic archetypes of these two structures into a structure that grows vertically and horizontally.

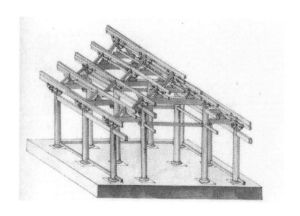

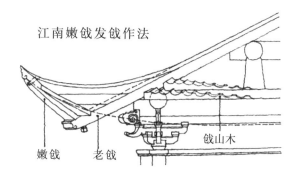

江南嫩戗发戗作法

嫩戗　　老戗　　　　　戗山木

抬梁式屋架研究
Research of Post-and-Beam Construction

场地选择
Site Selection

场地位于前工院中庭，这里是建筑系学生活动最为频繁的也是最为丰富的地方。

The site is located in the courtyard of Qiangongyuan, where the students' of the Department of Architecture have the most frequent and abundant activities.

设计策略
Design Strategy

基于节点研究，与桥面起拱相结合,形成一种既可以应用于桥的支撑结构,也可应用于房屋屋架支撑的结构体。

Based on node research, combined with bridge deck arch, it forms a supporting structure that can be applied to both the bridge and the structure supported by the roof truss.

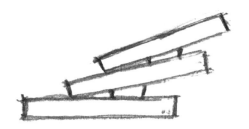

概念草图
Concept Sketch

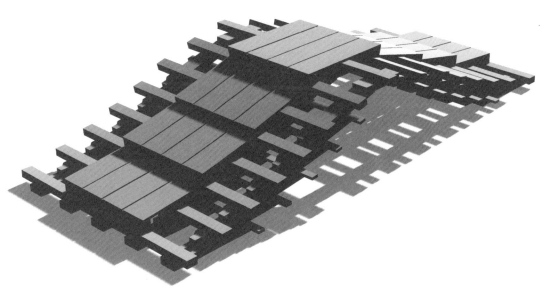

虚拟模型
Virtual Model

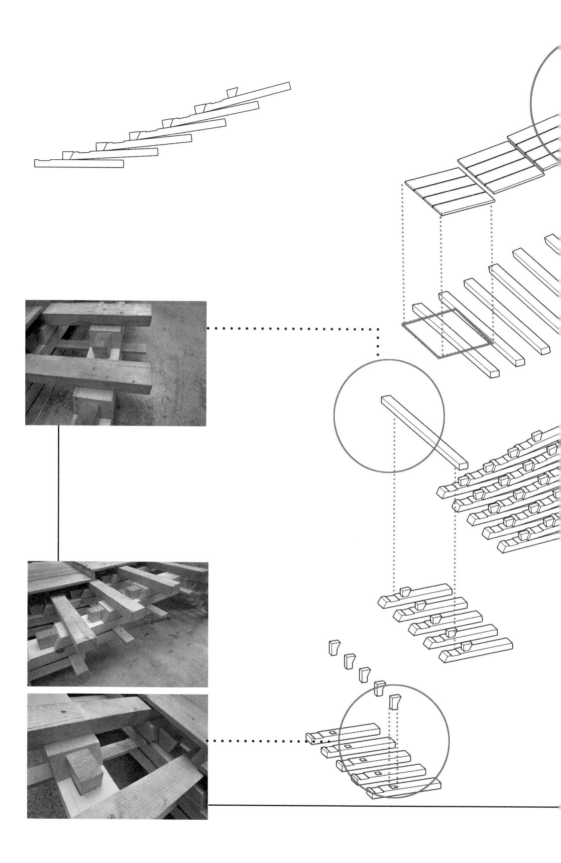

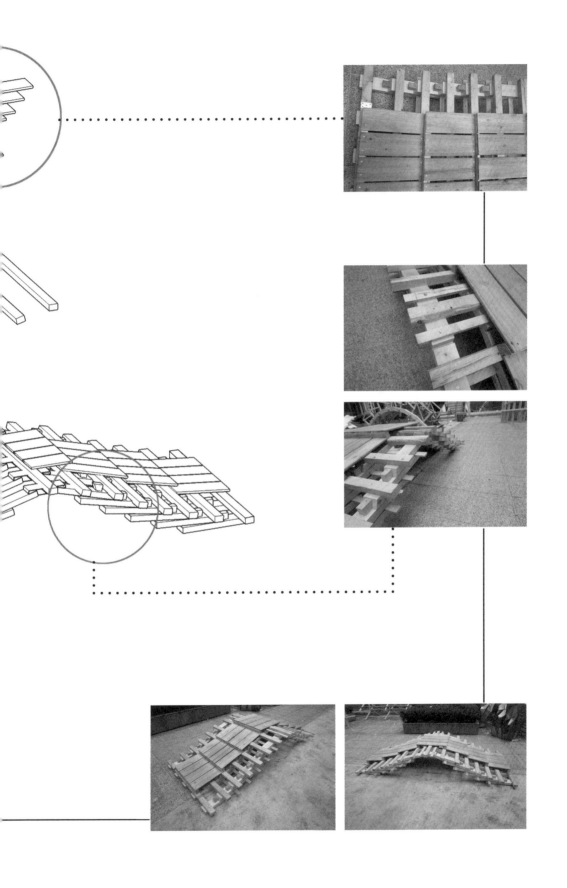

构件生长过程
Component Growth Process

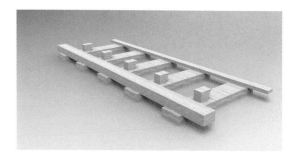
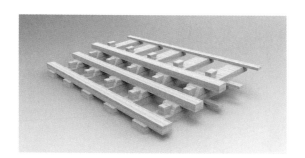
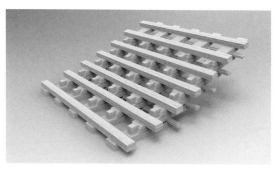
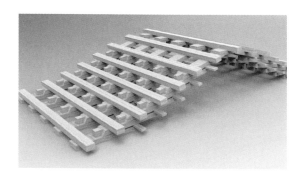

构件尺寸图
Scantling Drawings

木材规格：8.8 cm X 3.8 cm

数量：10

单根长度：450 mm

木材规格：8.8 cm X 3.8 cm

数量：40

单根长度：450 mm

木材规格：8.8 cm X 3.8 cm

数量：10

木材规格：8.8 cm X 3.8 cm

数量：5

单根长度：250 mm

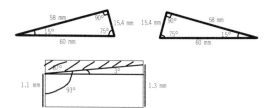

虚拟模型
Virtual Model

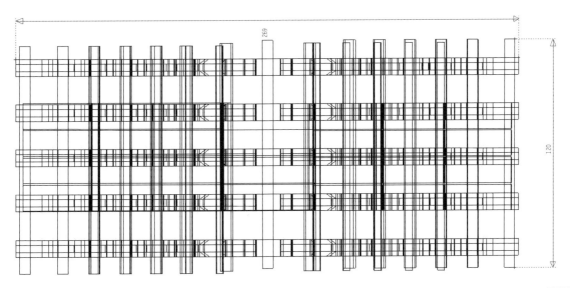

平面图
Plan

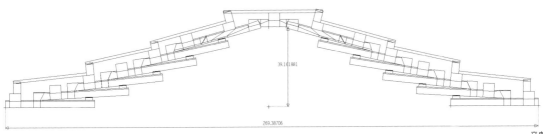

立面图
Elevation

人体荷载测试
Human Body Load Test

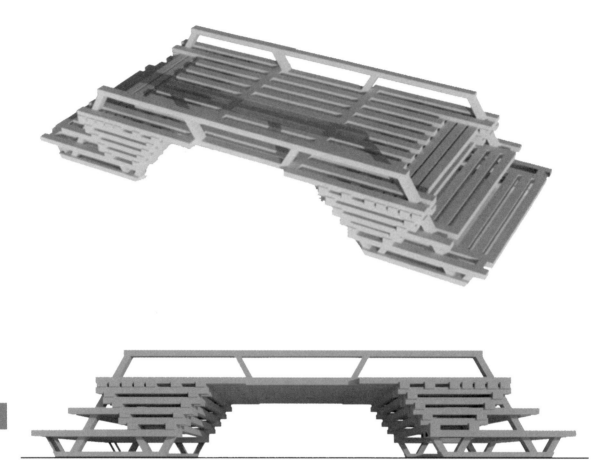

62

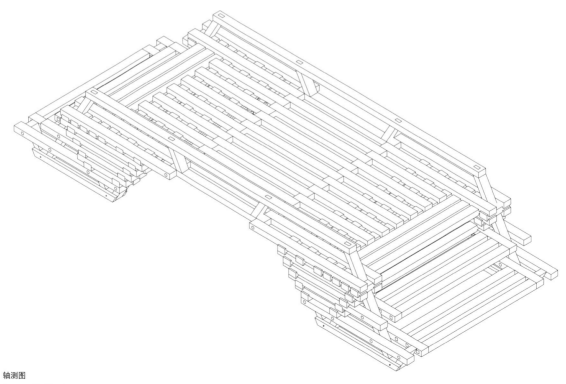

轴测图
Axonometric Drawing

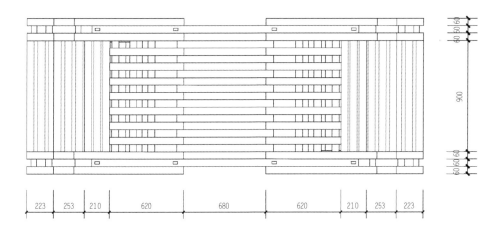

60 60 60

900

60 60 60

223 253 210 620 680 620 210 253 223

平面图
Plan

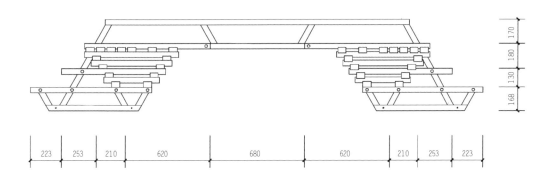

170
180
130
168

223 253 210 620 680 620 210 253 223

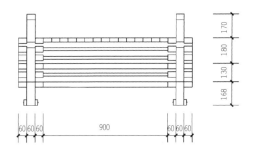

170
180
130
168

60 60 60 900 60 60 60

立面图
Elevation

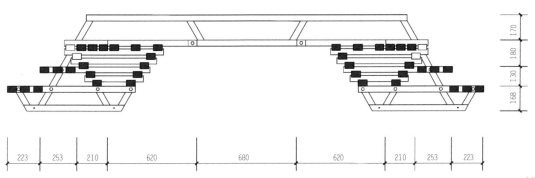

170
180
130
168

223 253 210 620 680 620 210 253 223

剖面图
Section

分解轴测
Axonometric Diagram of Decomposition

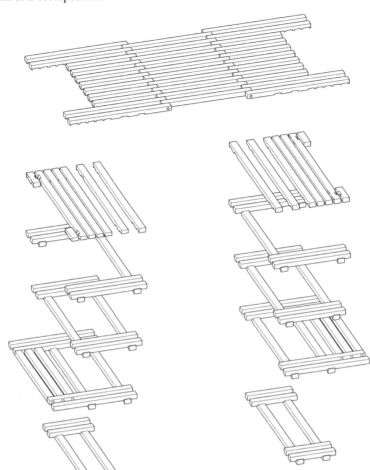

桥面面层
Deck Structure

5级支撑结构
Five Levels of Supporting Structure

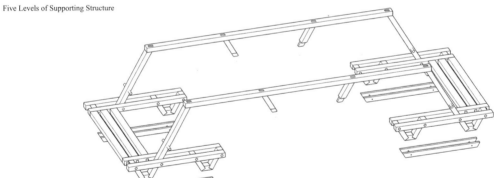

基座与连接体
Base and Connector

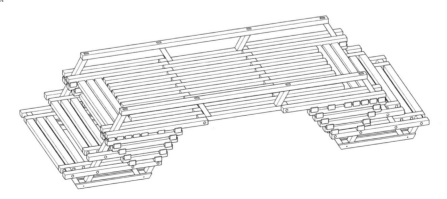

整体结构
Overall Structure

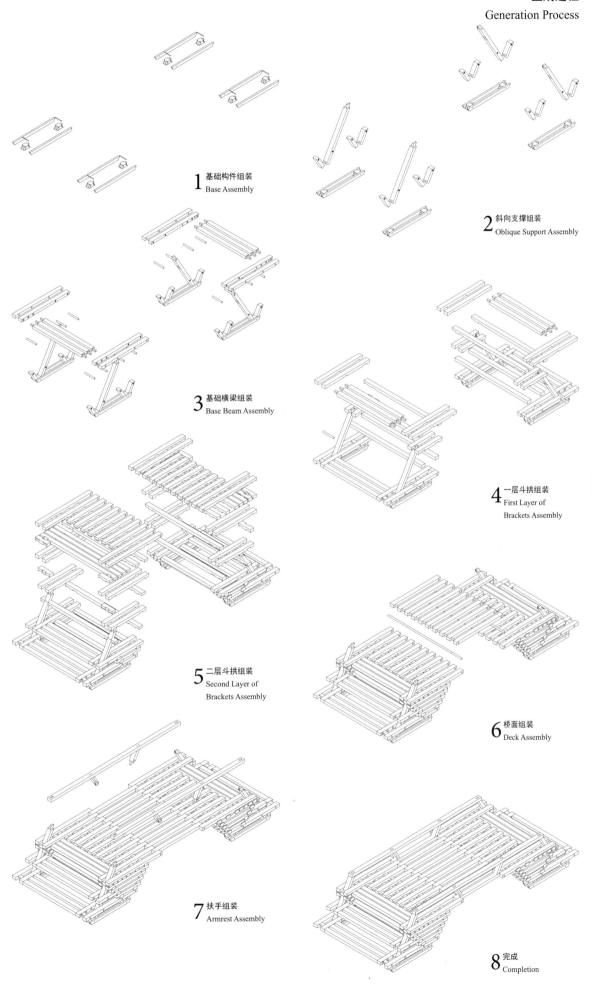

1 基础构件组装
Base Assembly

2 斜向支撑组装
Oblique Support Assembly

3 基础横梁组装
Base Beam Assembly

4 一层斗拱组装
First Layer of
Brackets Assembly

5 二层斗拱组装
Second Layer of
Brackets Assembly

6 桥面组装
Deck Assembly

7 扶手组装
Armrest Assembly

8 完成
Completion

Assignment 3

SEU+ETH
International Joint Studio

Spacial
Archi-Furniture

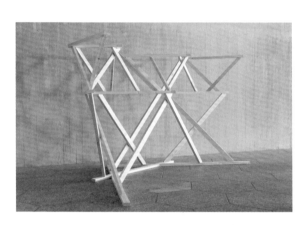

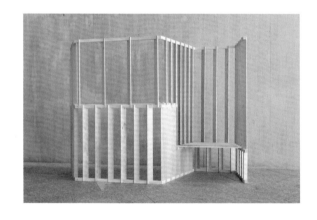

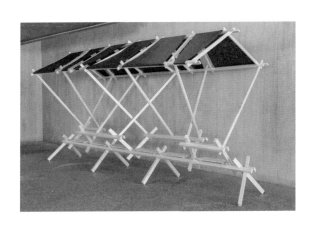

空间建具

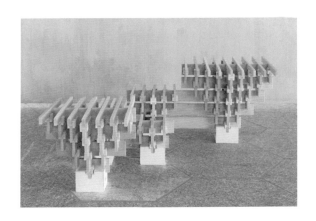

郭瑞 (Rui Guo)
朱颖文 (Yingwen Zhu)
Ledermann Jorgos
Gônter Roderic

Leonie Sophie
李启明（Qiming Li）
Hening Proske
肖畅（Chang Xiao）

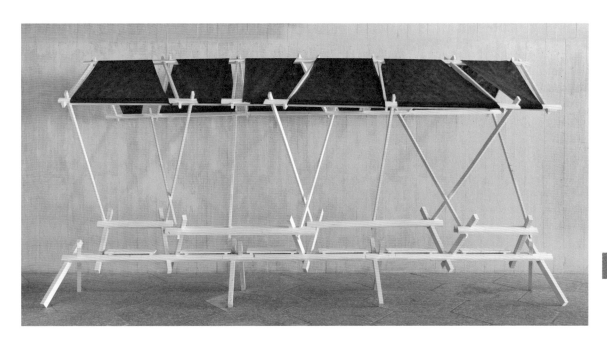

Joel

Cilgia

王正欣 (Zhengxin Wang)

戴维斯·奥迪 (Davish Audit)

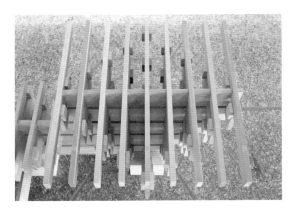

俞昊 (Hao Yu)
肖晔 (Ye Xiao)
Luca
Guy

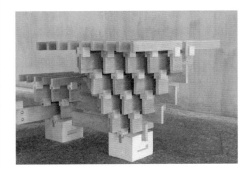

Tamara

Sarina

王笑天 (Xiaotian Wang)

马筑卿 (Zhuqing Ma)

Yeshi
Fanni
陈哲中 (Zhezhong Chen)
胡啸 (Xiao Hu)
刁卓越 (Zhuoyue Diao)

En

Yunhan Lin

王双 (Shuang Wang)

燕南 (Nan Yan)

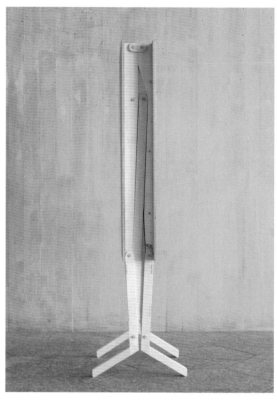

Ria

Martin

李宣范 (Xuanfan Li)

林阳 (Yang Lin)

设计对象及要求:空间建具

空间建具是从中国传统器物的基础上衍生出来的一种新的空间体类型。它具有以下一些特质:

1. 可移动或可折叠的家具属性;

2. 方便2~3人搬运;

3. 半透明的滤网性质;

4. 跟室内或室外的其他家具或建筑部件一起围合或分隔出空间(也可以自身围合出空间);

5. 其他与人体活动相关的家具功能可以投射到这种新的家具类型中来。

学生在指定的范围内选择一处室内或室外空间作为空间分隔体的最佳放置地点。鼓励学生结合所选择的地点环境特征,与空间建具进行整合设计,形成与环境相互依存的有机形态。

最终成果要求

1. 建成的空间分隔体为比例1∶1。

2. 空间分隔体的其中一个单元或一部分需达到建造实物的构造细度,剩余的部分可简单示意表达清楚整体的形态即可。在联合教学结束后,完成剩余部分的细化建造。

课程主题

中西方的传统木构造都与其所处的地域密切相关。无论是地域特殊的材料、文化传统，还是工匠的技艺、劳动力状况，都影响着木构造技术的发展。很长时间以来，中西方的木构研究作为两条独立并行的线，各自都更多关注本地域内的木构造发展，两种差异文化间的相互交流影响较弱。

本课程通过相关的讲座讨论、实地考察及木工实践，让学生对比理解中西方传统木构造及文化异同，并试图在两种文化交融的背景下，从木工技艺出发，探寻木构造的创新发展。为了给学生的设计创作提供适当的自由度，本课程的设计任务定为**空间建具**。它是从中国传统家具屏风的基础上衍生出来的一种新的家具类型。细部构造与整体木构形态通过其特殊的功能要求整合在一起。在整个的设计过程中，细部构造设计与整体的木构形态之间保持高度的互动性，设计从细部和整体形态两方面同时入手，相互影响、同时推进，得出最终的构造设计和整体形态。

节点设计需要从中西方木构建筑传统中的榫卯出发，进行改良或创新设计，以适应空间体整体的形态和力学应力要求。良好的节点设计不仅仅能够解决构件连接，也将是总体形态的有机组成部分。

正如理论溯源中所论及的关于建具的空间本体属性，它是一种介于建筑要素和家具物体之间的复合性建筑家具体，自身尺度能够与人身体发生多样性互动关联，却也不至于会完全改变建筑室内空间的总体布局。这样的微妙尺度关系，使得建具本身具有建筑和装置的双重属性，使得设计本身具有跨尺度和跨概念的趣味。

Leonie Sophie

李启明（Qiming Li）

Hening Proske

肖畅（Chang Xiao）

带顶便 "笈"
Convenient "Ji" with Roof

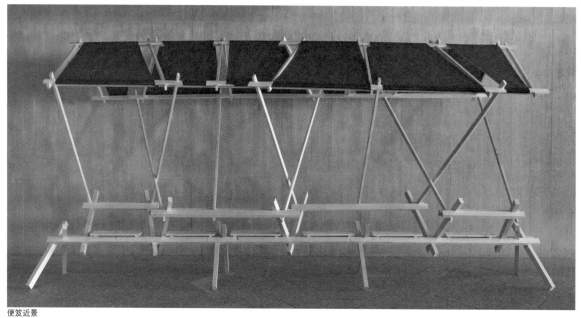

便笈近景
Photo of "Ji"

肩背 "笈"
"Ji" Held by Shoulders

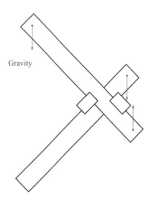

Gravity

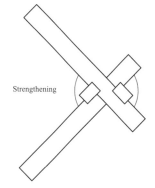

Strengthening

结构原理
Structural Principle

设计概念

中国传统时期书生肩背的 "笈"，是与身体结合、功能明确的小装置。重量轻，适合力气小的书生肩背，可以装下适量的书籍、药品等，头顶有随身移动的遮阳遮雨棚顶。本设计将笈蕴含的装置特征与木结构榫卯节点杆件互承的方式结合，从两个方面切入。

第一，设计结构原理充分利用结构自重，使自身重量可以转化为加固结构的力，同时在形体上保持微妙的平衡，有轻盈、灵动的结构性格。

第二，设计从空间行为的角度出发，划分内—外两个部分的场所，并在空间中提供包含众多功能的内部场所，方便使用。

Concept

In Traditional period, "Ji" is an installation held by scholars' shoulders. It is an installation highly integrated with body, and has clear functions. Because the weight is light, it can be held by scholars, and it can hold some books and medicine. It has a small roof moving along the body. The design tries to integrate the Ji's characteristics and the wooden structure.

First, the principle of structure makes full use of the structure's self-weight, so that its own weight can be transformed into the force, while maintaining a delicate balance in the shape, with a light and agile structural character.

Second, from the perspective of spatial behavior, the design divides the internal and external parts of the place, and provides an internal place with many functions in the space, which is convenient to use.

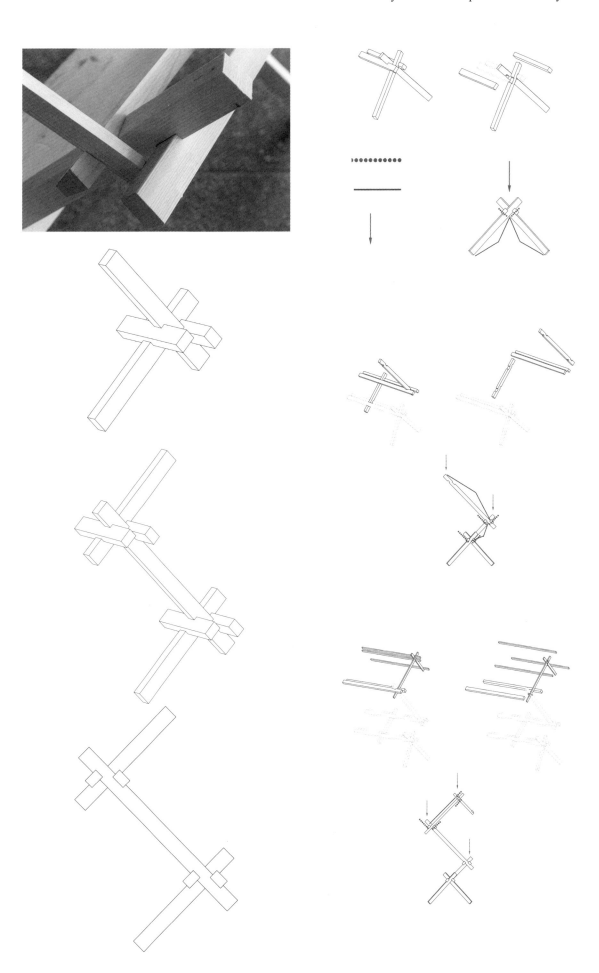

83

生成过程
Generation Process

场地
Site

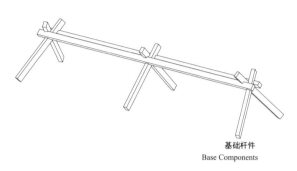

基础杆件
Base Components

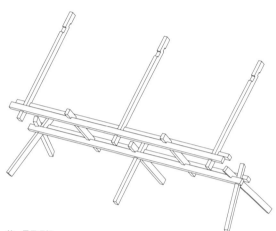

第一层屋顶杆

First Layer of Roof Components

第二层屋顶杆

Second Layer of Roof Components

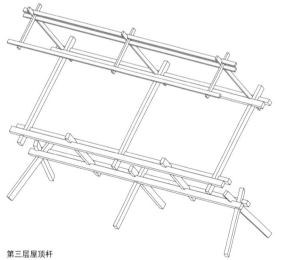

第三层屋顶杆

Third Layer of Roof Components

屋顶覆盖膜

Roof Covering

内部空间营造
Internal Space Creation

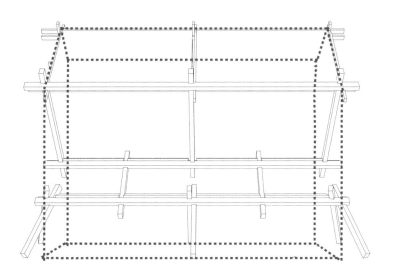
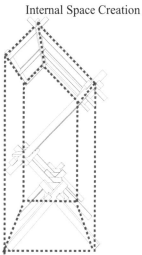

使用场景
Usage Scenarios

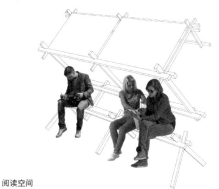

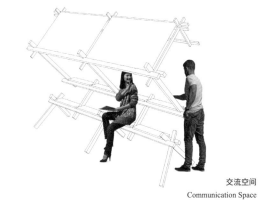

阅读空间
Reading Space

交流空间
Communication Space

玩耍空间
Play Space

用餐空间
Dining Space

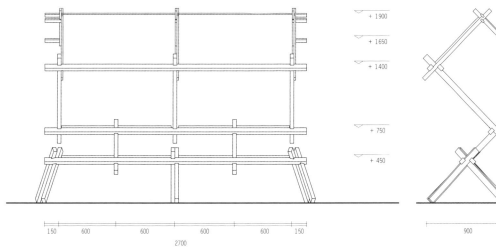

| 150 | 600 | 600 | 600 | 600 | 150 |

2700

900

立面图
Elevation

+1900
+1650
+1400
+750
+450

+1900
+1650
+1400
+750
+450

构件分解
Components Decomposition

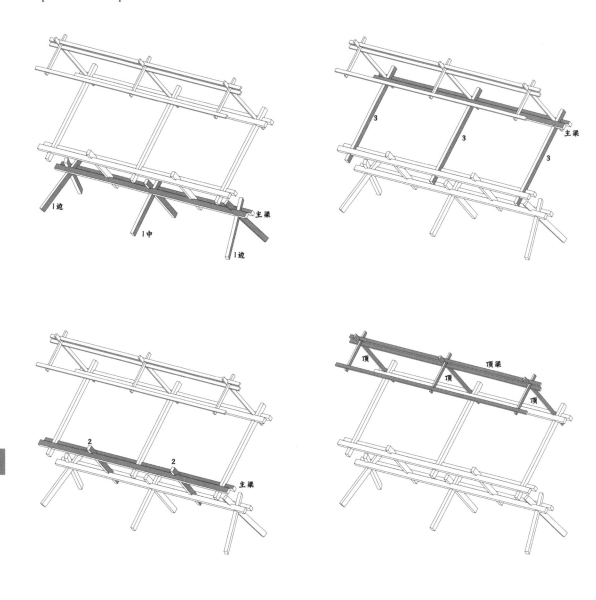

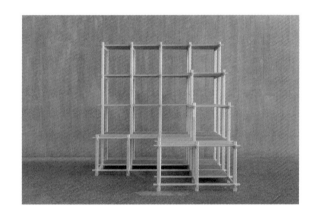

郭瑞 (Rui Guo)

朱颖文 (Yingwen Zhu)

Ledermann Jorgos

Gônter Roderic

台椅（组员：Ledermann Jorgos，Gônter Roderic，郭瑞，朱颖文）
Desk Integrated Chair

鸟瞰图
Airscape

基地位于前工院中庭西北角大树下。前工院中庭处于两栋繁忙的教学楼之间，但因缺乏休闲、活动设施，平时人员稀少，利用率较低。因此根据该需求将设计定位为集休憩游玩为一体的装置，起到提升中庭活力的作用。针对中庭两侧南北楼的立面属性，北楼立面开敞，而南侧较为封闭，不可从中庭直接出入南楼。因此，将装置设在靠近北楼进出院子门的大树下，方便北楼一层展厅的人们到中庭内。同时，此处靠近从校园道路进入中庭的入口，也可方便人们直接从校园进入中庭在此处休息。

The base is located under the big tree in the northwest corner of the atrium of Qiangongyuan. The atrium is in between two busy teaching buildings. However due to the lack of leisure and activity facilities, there are few people and the utilization rate is low. Therefore, according to this demand, the design is positioned as a device integrating leisure and entertainment, which plays a role in enhancing the vitality of the atrium. In View of the facade attributes of the north and south buildings on both sides of the atrium, the north building has an open facade, allowing direct access to the north building from the atrium, while the south side is relatively closed, and it is not possible to directly enter and exit the south building from the atrium. Therefore, the installation is placed under the big tree near the entrance and exit gate of the north building, which is convenient for people in the exhibition hall on the first floor of the north building to enter the atrium. At the same time, the place is close to the entrance to the atrium from the campus road, and it is also convenient for people to directly enter the atrium from the campus to rest here.

靠近北楼出入院子的门
Near the Gate of the North Building to and From the Yard

靠近校园进出中庭的通道
Close to Campus Access to the Atrium

设计策略
Design Strategy

基于木构节点的研究，首先得出了一个节点的构造模型。该节点实现了三个维度木材的良好连接，同时易加工。从一个节点复制发散最终形成了完整的空间建具，使其成为原来乏味的角落空间中的可供人观、坐、倚靠的构筑物。

Based on the study of wood nodes, we first get a structural model of one node. The node achieves a good connection of wood in three dimensions and is easy to process at the same time. Copying and diverging from a node finally forms a complete space building, making it a structure for people to view, sit and lean on in the original boring corner space.

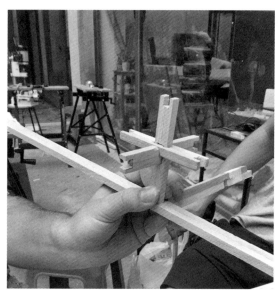

节点模型
Node Model

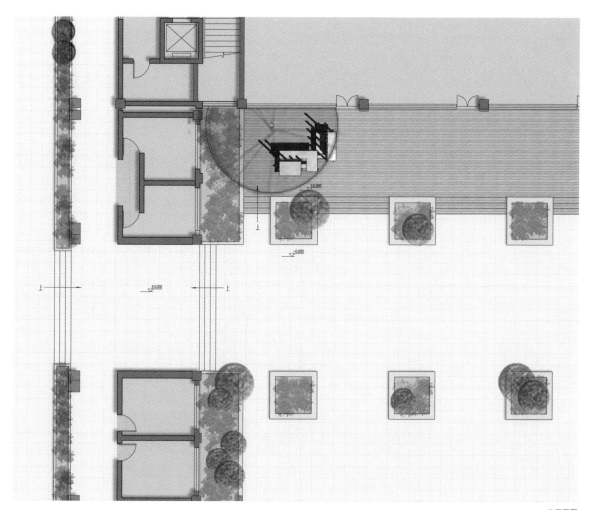

总平面图
Site Plan

效果图
Rendering

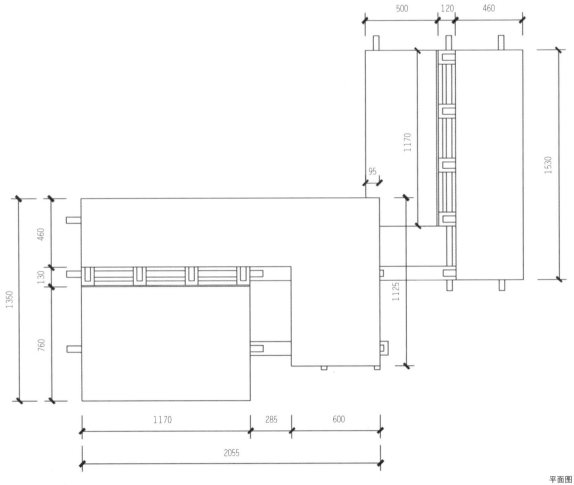

平面图
Plan

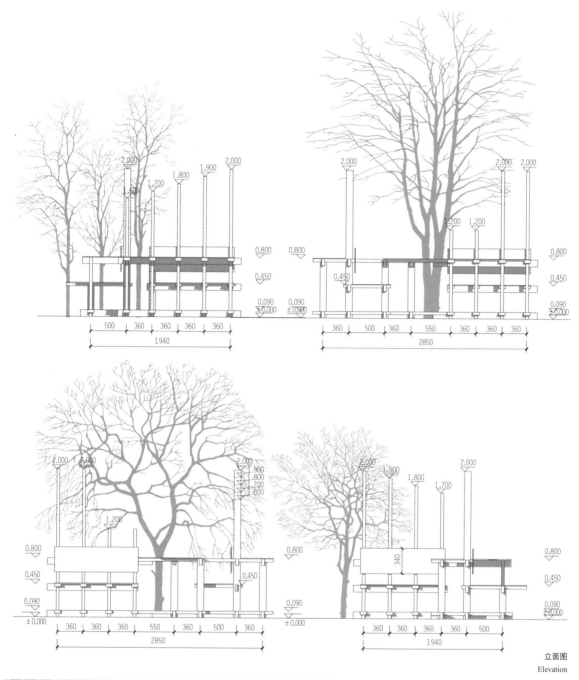

立面图
Elevation

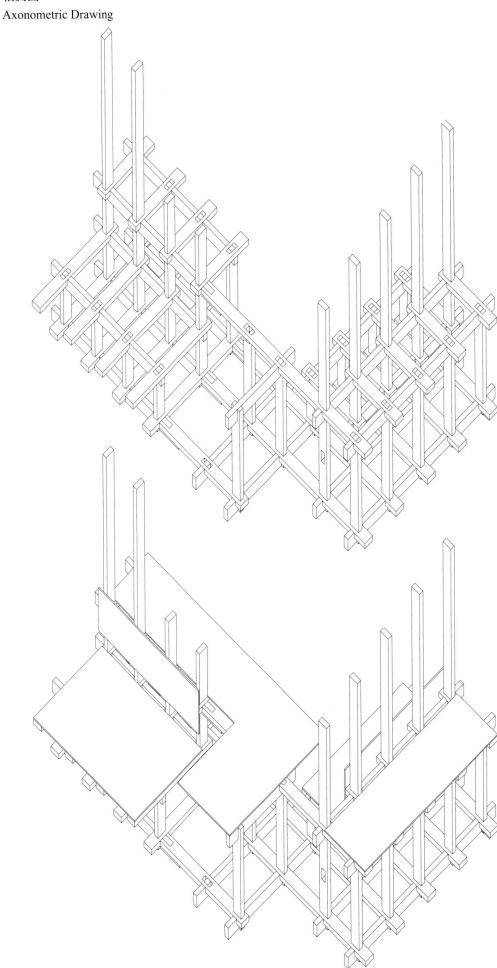

效果图
Rendering

节点构造榫卯图
Mortise and Tenon Joint Structure

实景照片
Photos

工具操作
Tool Operation

使用场景
Usage Scenarios

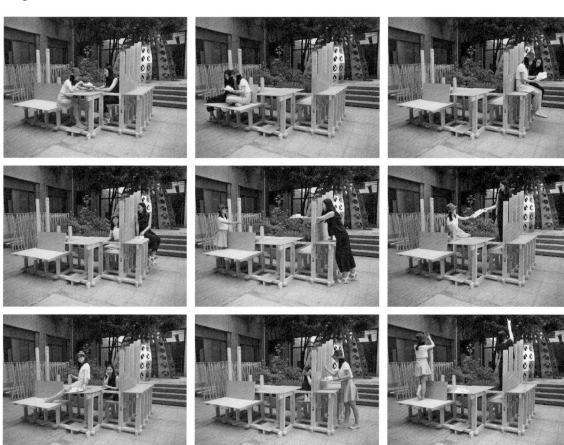

使用场景
Usage Scenarios

生成步骤图
Generating Step Diagram

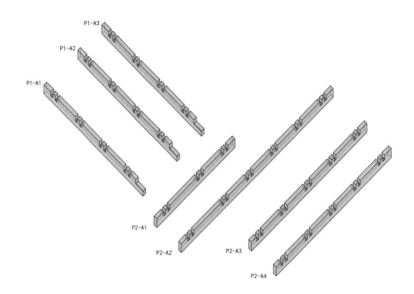

P1-A3
P1-A2
P1-A1
P2-A1
P2-A2
P2-A3
P2-A4

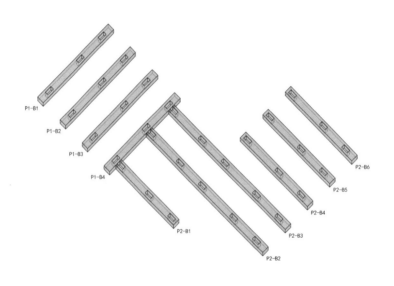

P1-B1
P1-B2
P1-B3
P1-B4
P2-B1
P2-B2
P2-B3
P2-B4
P2-B5
P2-B6

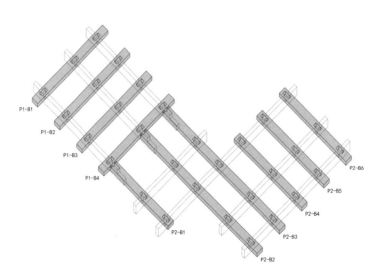

P1-B1
P1-B2
P1-B3
P1-B4
P2-B1
P2-B2
P2-B3
P2-B4
P2-B5
P2-B6

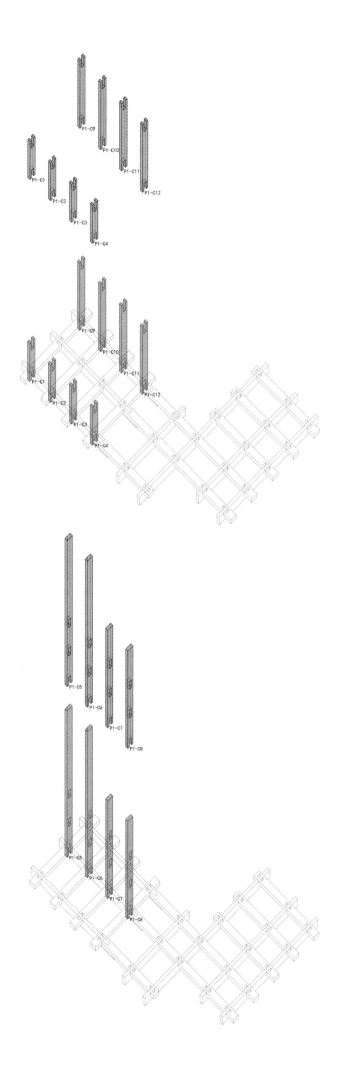

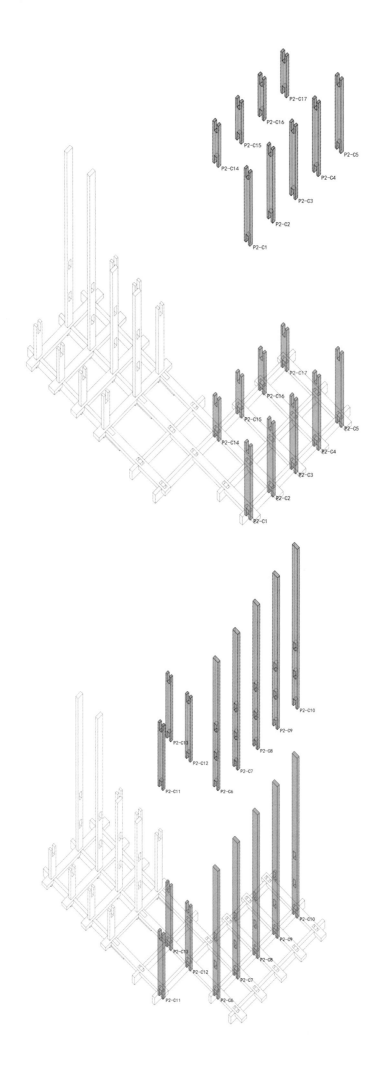

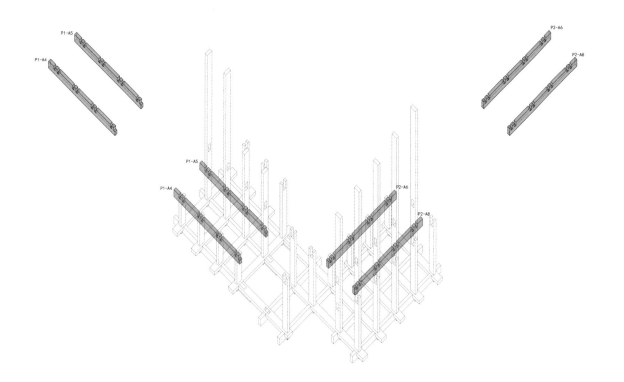

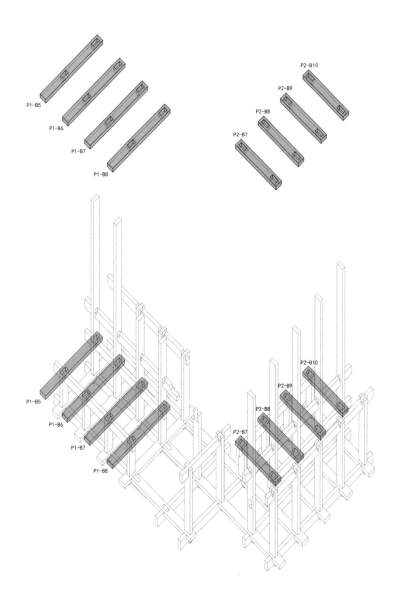

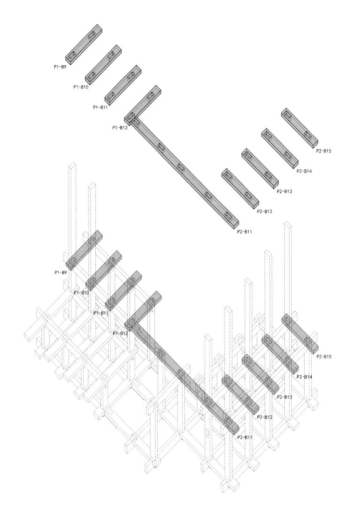

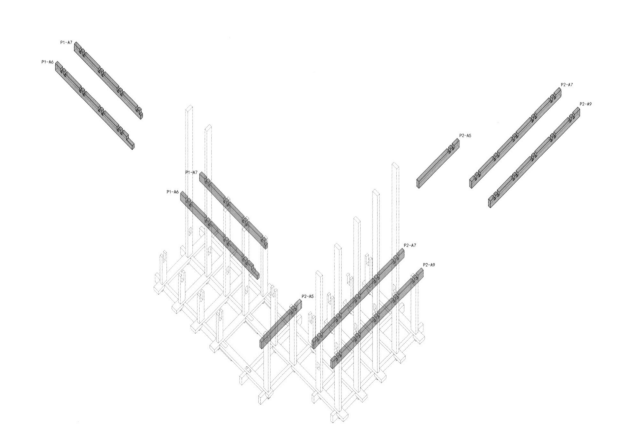

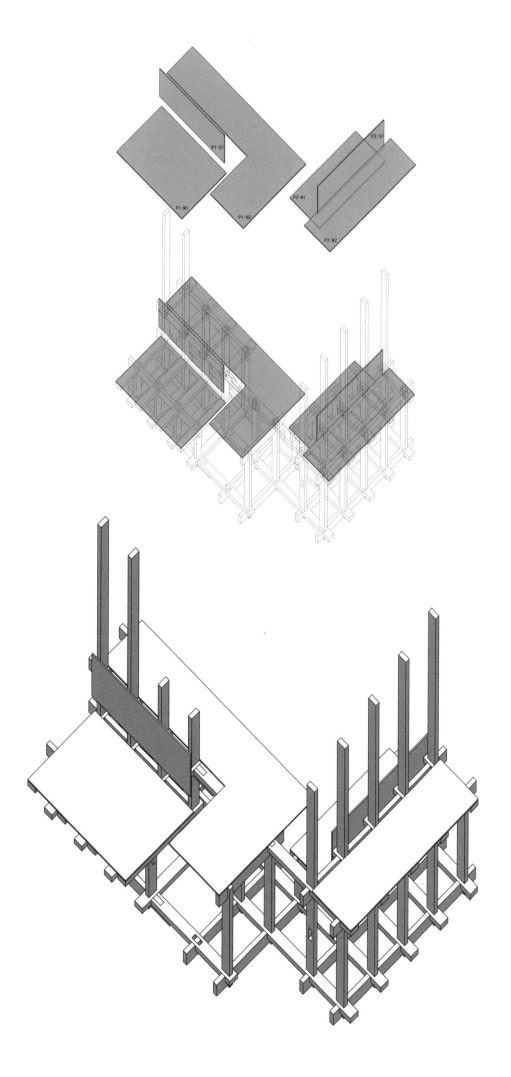

捐赠移建

　　该作品经爱心公益组织联系，长途运输至贵州高芒村小学，异地重建。作为捐赠给山村小学同学们的大型活动装置，放置在校园公共区域。

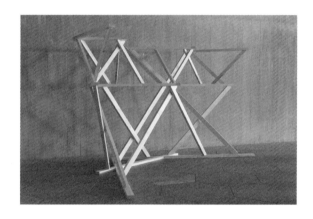

Joel

Cilgia

王正欣 (Zhengxin Wang)

戴维斯·奥迪 (Davish Audit)

树墙
Tree Wall

112

树墙
Tree Wall

树状结构
Tree Structure

设计策略
Design Strategy

本方案采用树状结构的概念，采用单元相同的下大上小结构形式。不同于下部支撑上部的普通树状结构，本方案上部的小结构可以形成更加牢固的结构体，从而对下部的结构进行加强，形成了可供人攀爬与倚靠的结构体。

The scheme uses the concept of tree structure, using the same unit with the lower structure and the upper structure. Unlike the ordinary tree-like structure in which supports the upper part is supported by the lower part, the small structure at the upper part of the scheme can form a stronger structure, thereby strengthening the lower structure and forming a structure for people to climb and lean on.

概念草图
Concept Sketch

榫卯连接细部
Detail of Mortise and Tenon

单元图解
Digram of Unit

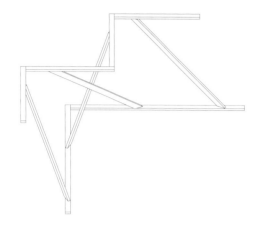
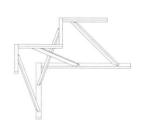

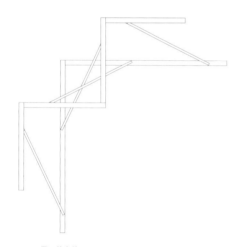
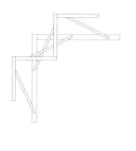

一层：基本单元
First Layer：Basic Unit

二层：1/2基本单元
Second Layer：1/2 Basic Unit

三层：1/4基本单元
Third Layer：1/4 Basic Unit

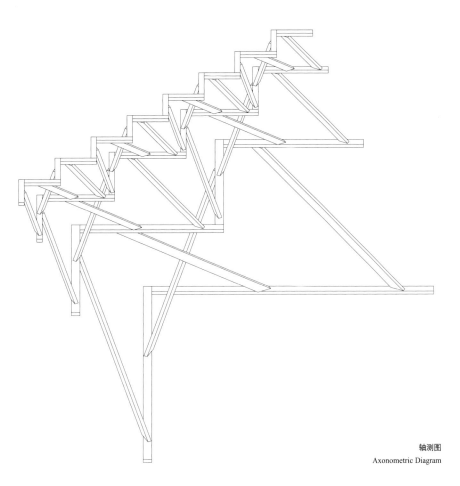

轴测图
Axonometric Diagram

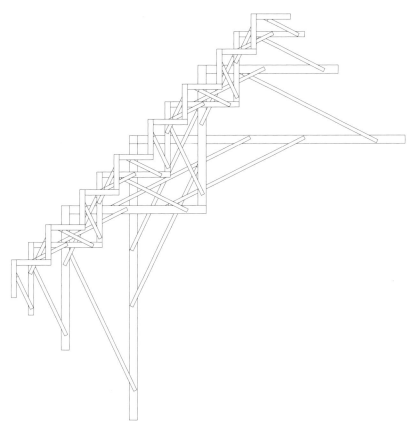

平面图
Plan

不同连接方式的比较
Comparative Study of Different Joints

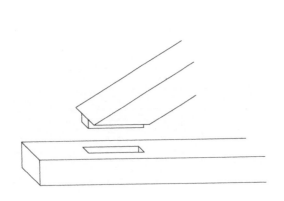

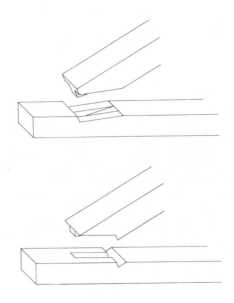

节点研究
Joint Study

主要节点——水平杆件与斜向杆件连接
The main joints—Connection of Horizontal and Oblique Rods

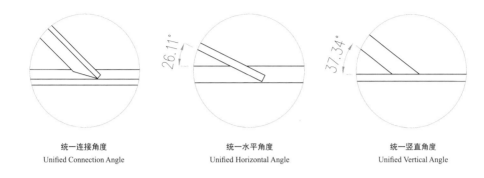

统一连接角度
Unified Connection Angle

统一水平角度
Unified Horizontal Angle

统一竖直角度
Unified Vertical Angle

主要节点试验
Test of the Main Joints

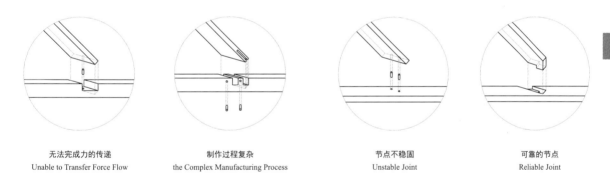

无法完成力的传递
Unable to Transfer Force Flow

制作过程复杂
the Complex Manufacturing Process

节点不稳固
Unstable Joint

可靠的节点
Reliable Joint

次要节点——水平杆件之间连接
secondary Joints—Connection of Horizontal Rods

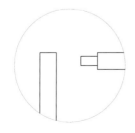

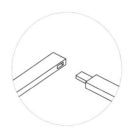

安装过程图解
Digram of Installation Process

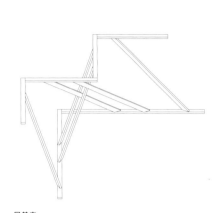

一层基座
The first floor serves as the base

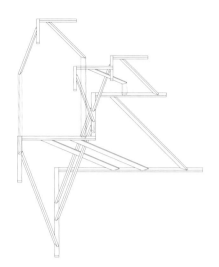

二层拆分为四个单元安装
Split the second floor into four units

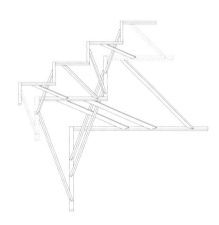

二层完成，二层加固一层端部
The second floor is completed, and the second floor is used to reinforce the first floor

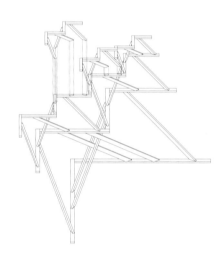

三层拆分为四个单元安装
Split the third floor into four units

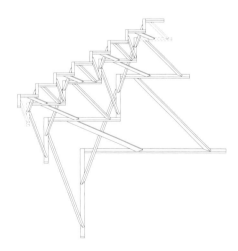

三层完成，三层加固二层端部
The third floor is completed, and the third floor is used to reinforce the second floor

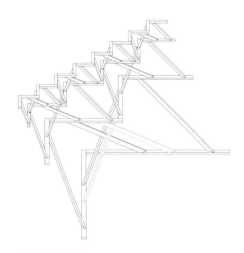

增加斜撑，整体加固
Add diagonal bracing and reinforce the whole

Ria

Martin

李宣范 (Xuanfan Li)

林阳 (Yang Lin)

格构木台架
Wooden Matrix of the Combination of Desk and Frame

轴测图
Axonometric Drawing

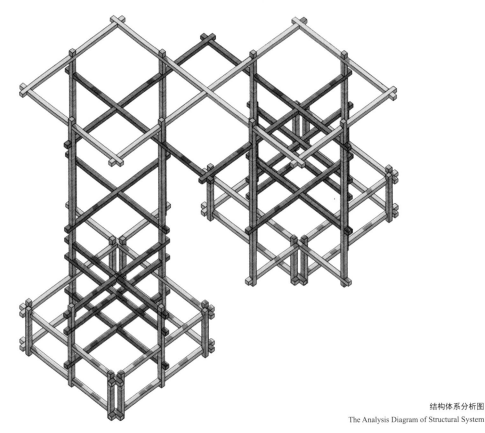

结构体系分析图
The Analysis Diagram of Structural System

　　本方案的结构体系由三部分组成：交叉十字、环形结构以及竖向支撑，以此为基础形成整体，不使用其他多余结构。

　　The structure of the project consists of three parts: cross, ring, and vertical support, forming a whole on this basis, and other redundant structures are not applicable.

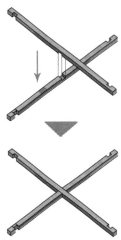

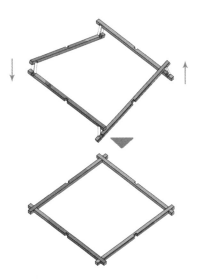

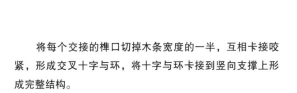

榫卯节点展示
The Display of Tenon Joints

　　将每个交接的榫口切掉木条宽度的一半，互相卡接咬紧，形成交叉十字与环，将十字与环卡接到竖向支撑上形成完整结构。

　　Cut half of the width of the wood to make the tenon, clench each other to form a cross and a ring, then connect the cross and the ring with the vertical support to form a complete structure.

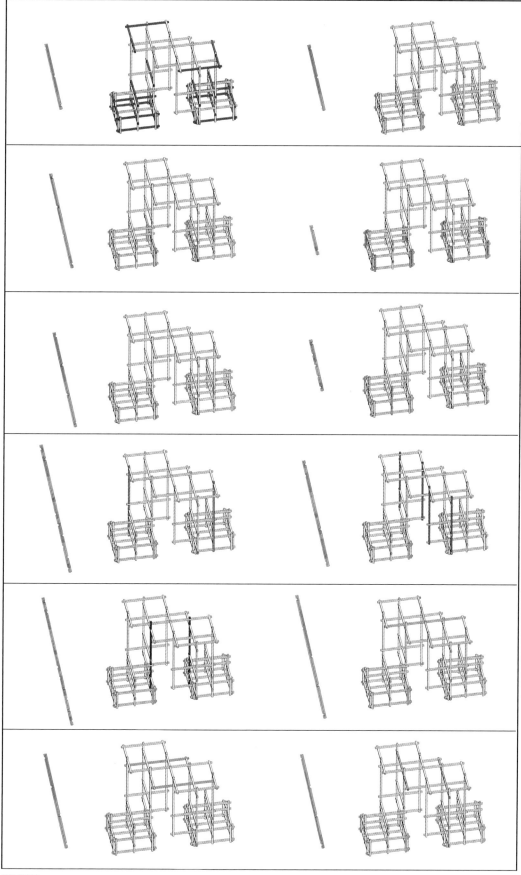

结构分解图
Structural Decomposition Diagram

整体结构由12种不同尺寸与开口节点的木条组成，每种木条构成模型中的相应部分。

The overall structure consists of 12 different sizes and joints of the wood, and each kind of wood constitutes the corresponding part of the model.

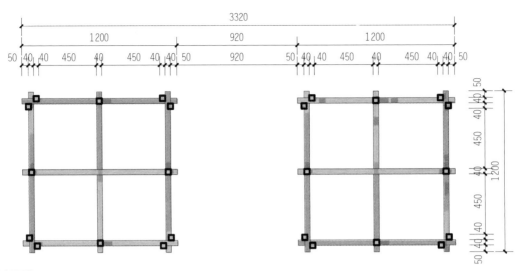

0.3 m高度平面图
The Plan of 0.3 m Height

在0.3 m高度处，模型面宽3.32 m，进深方向1.2 m，四个结构体系只建成两个，中间形成1 m宽的通道空间。此时已经可以看出环与十字的使用。

At the height of 0.3 m, the width of the model is 3.32 m, the depth is 1.2 m, and there are only two structural systems. The channel space is 1 m wide in the middle. At this point we have been able to see the usage of the ring and the cross.

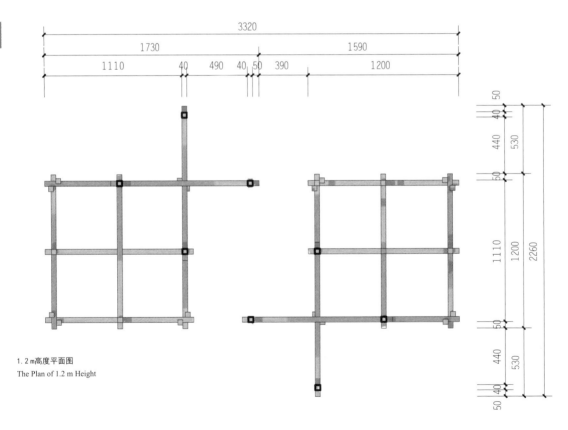

1.2 m高度平面图
The Plan of 1.2 m Height

在1.2m高度处，悬挑体系开始形成，将中间通道空间进行分割，人们活动受到引导。此时承重也转到中间两个十字处。

At the height of 1.2 m, the cantilever system begins to form, and the middle channel space is divided, so activities of people are guided. At this point the load is also transferred to the middle of the two crosses.

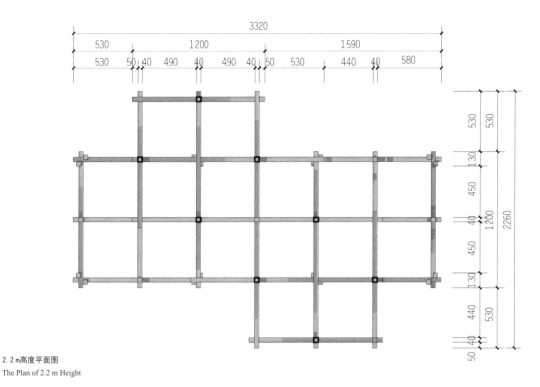

2.2 m高度平面图
The Plan of 2.2 m Height

在2.2 m高度处，最终模型面宽3.32 m，进深2.26 m，四个结构体系对接起来，平衡悬挑受力。

At the height of 2.2 m, the width of the final model is 3.32 m, the depth is 2.26 m, and four structural systems connect together and balance the power of cantilever.

模型照片展示
The Display of Model Photos

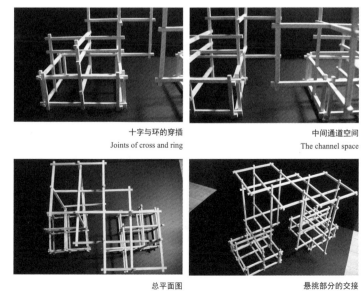

十字与环的穿插
Joints of cross and ring

中间通道空间
The channel space

总平面图
Site Plan

悬挑部分的交接
Joints of Cantilever

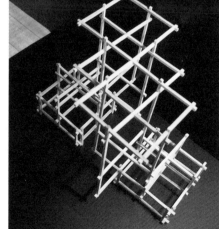

透视图
Perspective Drawing

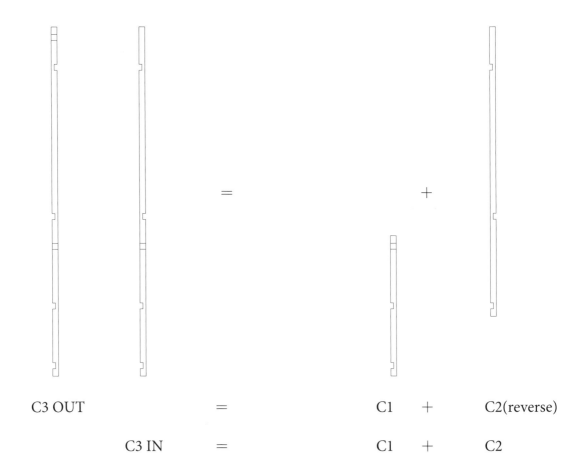

C3 OUT		=		C1	+	C2(reverse)
	C3 IN	=		C1	+	C2

130

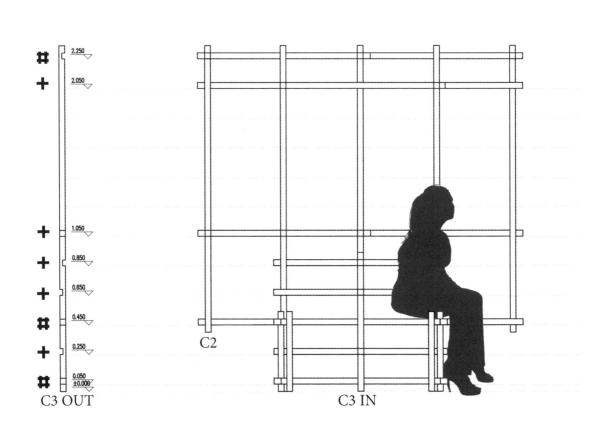

C3 OUT

C2

C3 IN

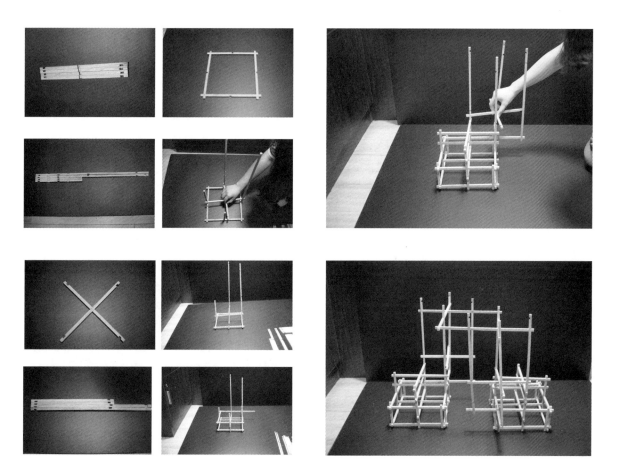

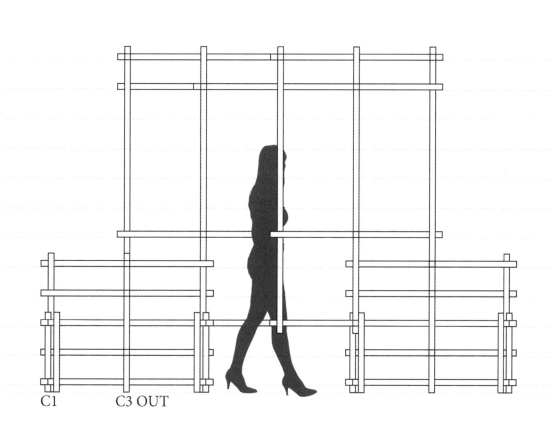

C1   C3 OUT

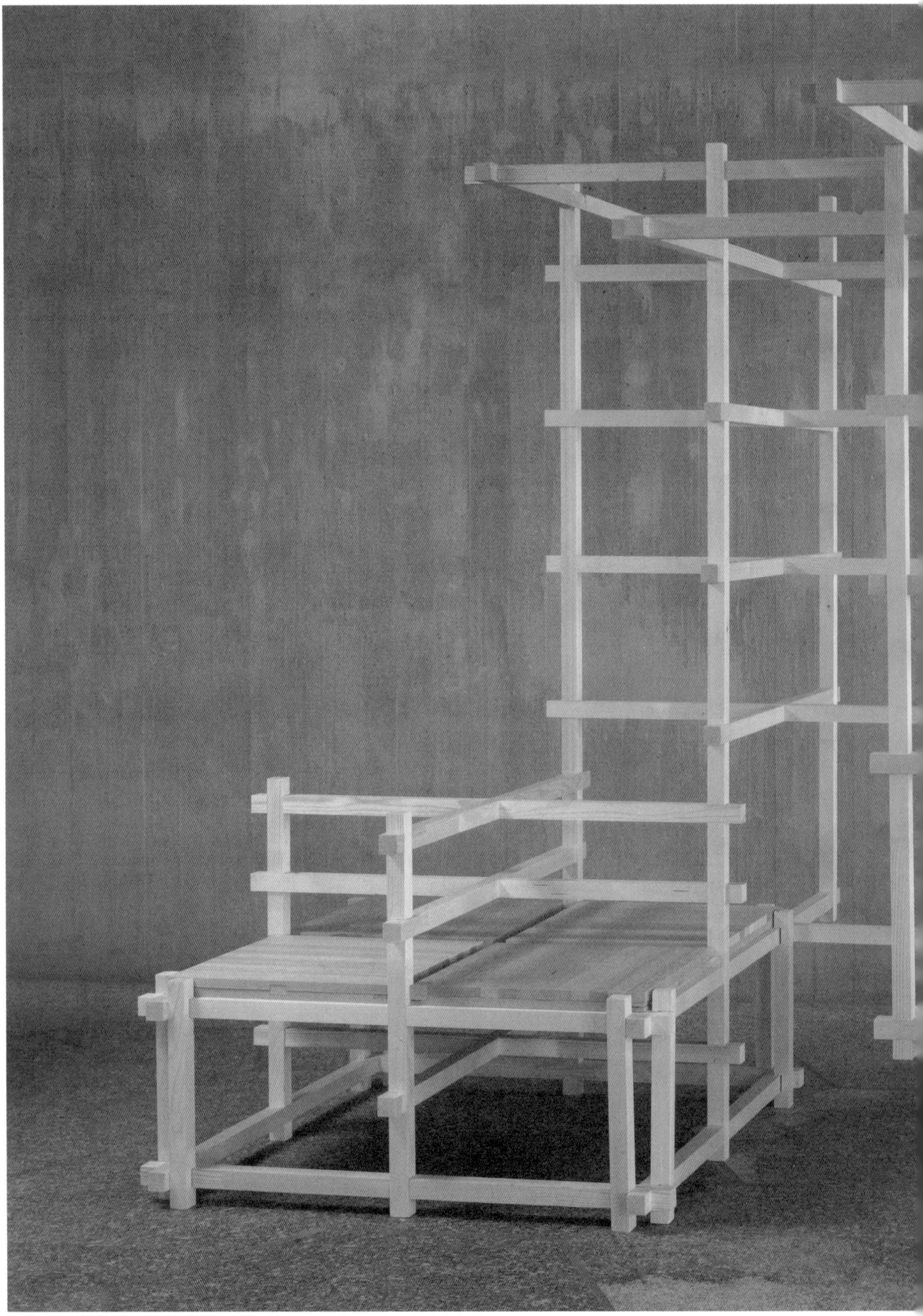

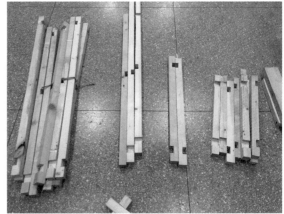

构件拆分后移到办公楼电梯厅，作为等候电梯时的坐具，同时作为展陈模型的展架。

俞昊 (Hao Yu)

肖晔 (Ye Xiao)

Luca

Guy

云台
Cloud Stage

The plan attempts to respond the axis of Qiangong yuan, divide the atrium space, construct a new landmark node, improve the quality of the atrium space and provide spaces for various activities by such wooden structures.

The plan takes Dougong as the prototype, whose spatial and structural features can create an experience of floating. With its diversity on different levels, including the options for the scale, the way for connection and the combination, the structure can satisfy various needs of the public.

本方案试图借助木构物，回应前工院中庭轴线，对中庭空间进一步划分，构建新的标志性节点，改善中庭空间品质，提供多样活动的空间可能。

方案以斗拱为原型，利用斗拱的空间和结构特性产生悬浮般体验的空间体。空间体尺度的选择、空间体连接方式的选择、空间体组合的选择，从各个层面上的多样性使其能满足人活动的多种需求。

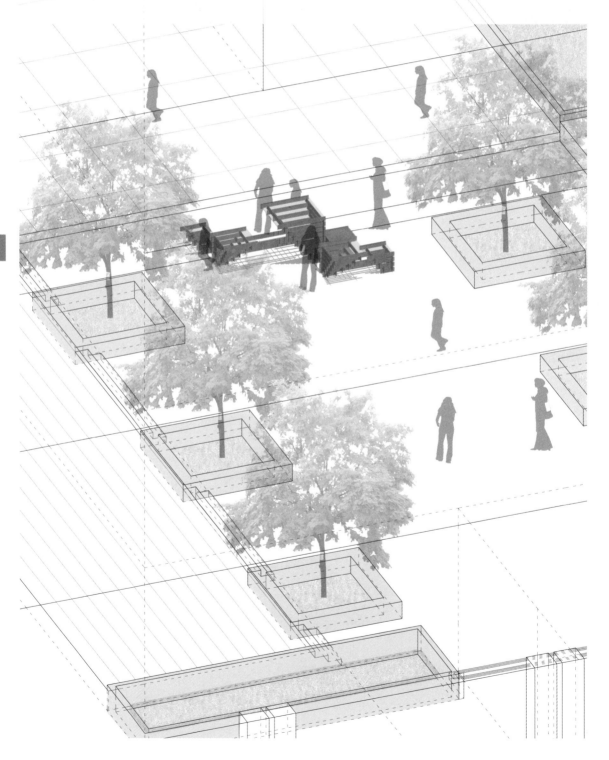

分析
Site

原型提取
Prototype Extraction

单元发展
Evolution of Components

实物模型
Physical Model

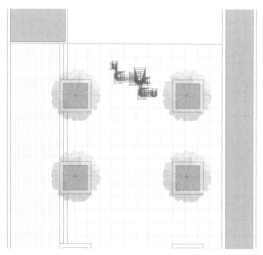

总平面图
Site Plan

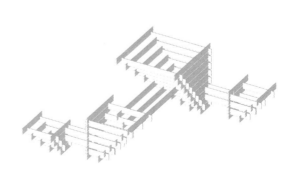

轴测图
Axonometric

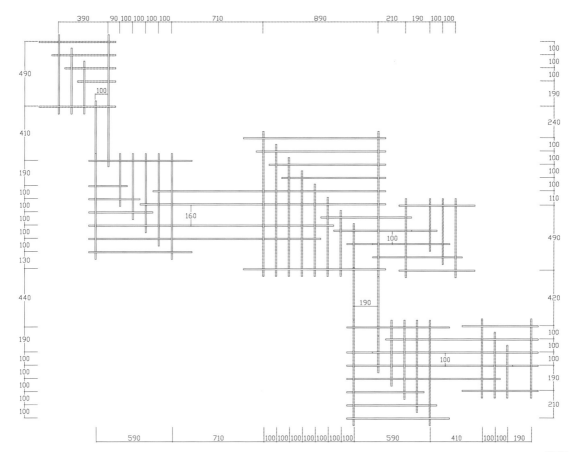

平面图
Plan

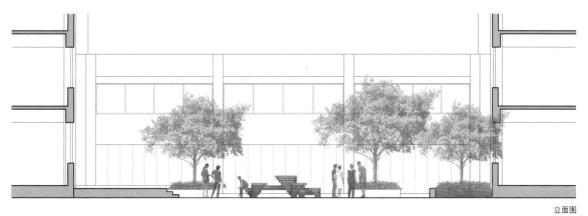

立面图
Facade

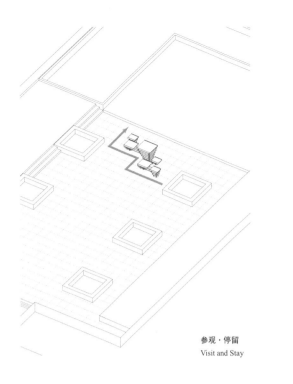

参观·停留
Visit and Stay

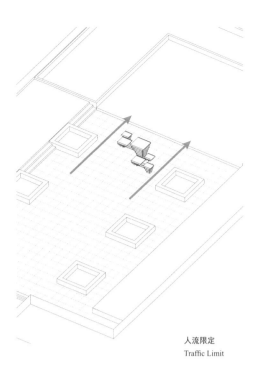

人流限定
Traffic Limit

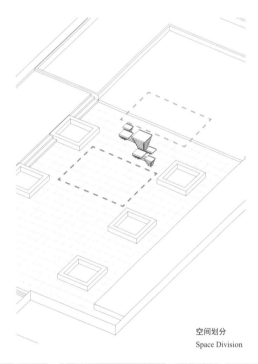

空间划分
Space Division

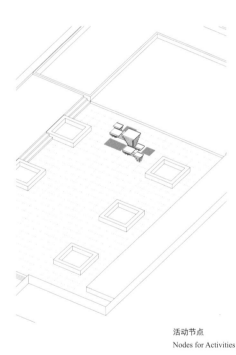

活动节点
Nodes for Activities

实物模型
Physical Model

场景蒙太奇：活动场景
Montage: Activities in the Courtyard

连接方式
Connection Methods

类型A：背对背交接
Type A:Back-to-back Connection

类型B：面对面交接
Type B:Face-to-face Connection

组装步骤
Assembly Steps

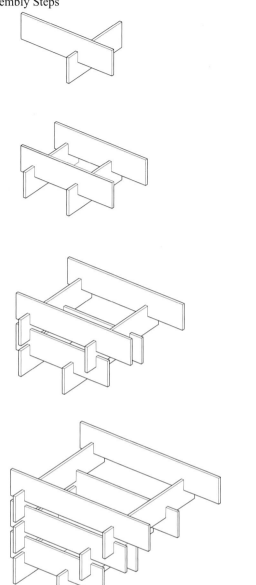

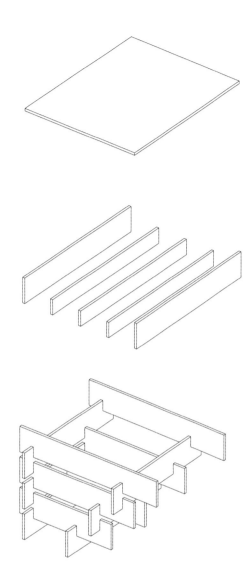

145

节点选择
Options for Joints

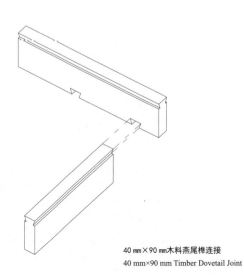

40 mm×90 mm木料燕尾榫连接
40 mm×90 mm Timber Dovetail Joint

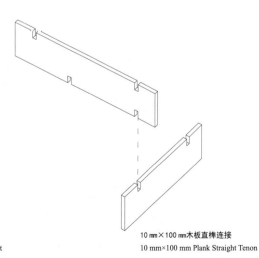

10 mm×100 mm木板直榫连接
10 mm×100 mm Plank Straight Tenon

Yeshi

Fanni

陈哲中 (Zhezhong Chen)

胡啸 (Xiao Hu)

刁卓越 (Zhuoyue Diao)

"游"
Swing

场景蒙太奇
Montage

我们找到了一些公共空间座椅，观察了座椅与整个环境和空间的联系，从这个点出发，设计一个与环境相结合的附加有更多功能的家具或者空间座椅。

We found some seats in public space, observed the connection between the seats and the entire environment and space. From this point, we designed a piece of furniture or space seat that integrates with the environment, and has more functions.

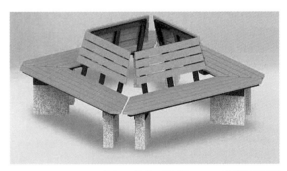

案例研究
Case Study

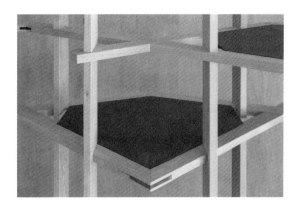

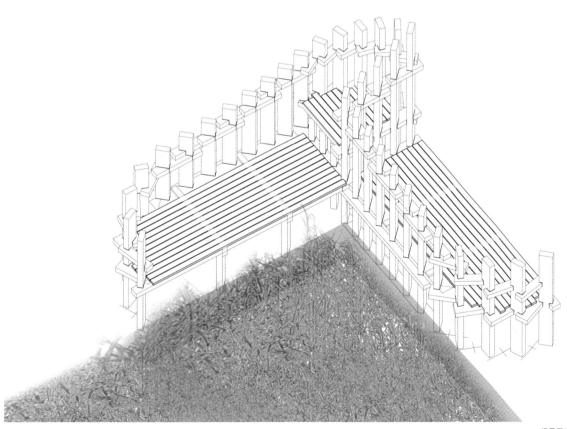

场景展示
Scene

过程图解
Digram of Process

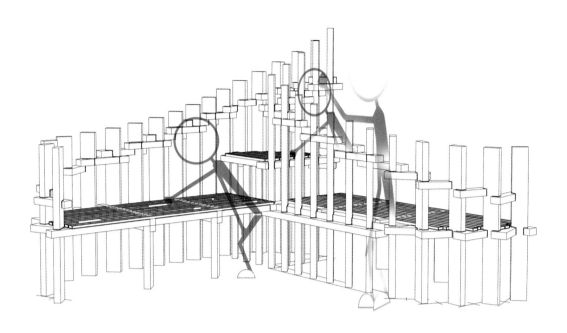

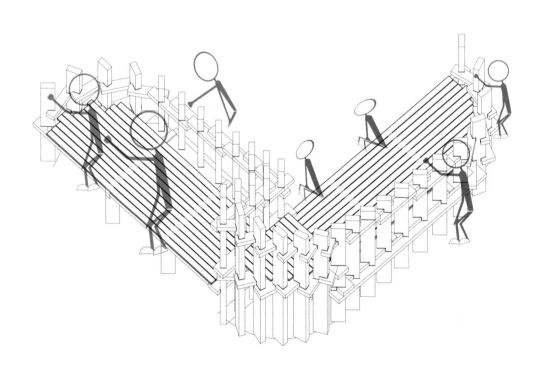

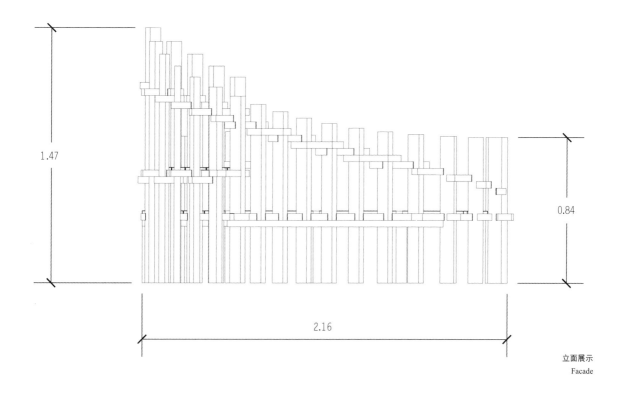

1.47

0.84

2.16

立面展示
Facade

153

0.63

2.22

0.66

2.20

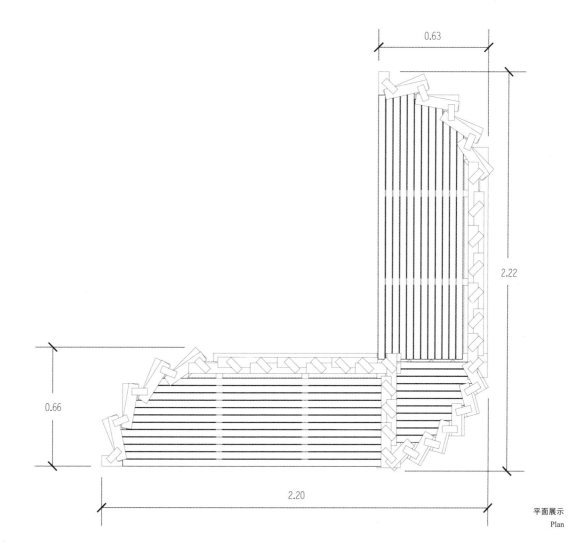

平面展示
Plan

节点照片

Photos of Joints

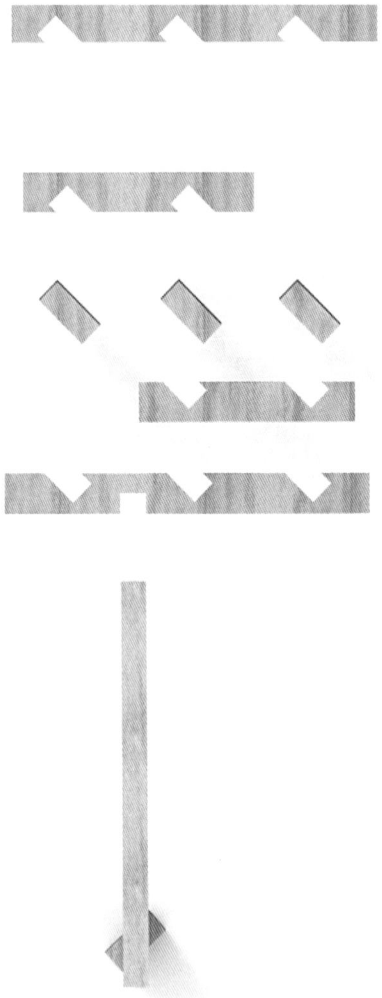

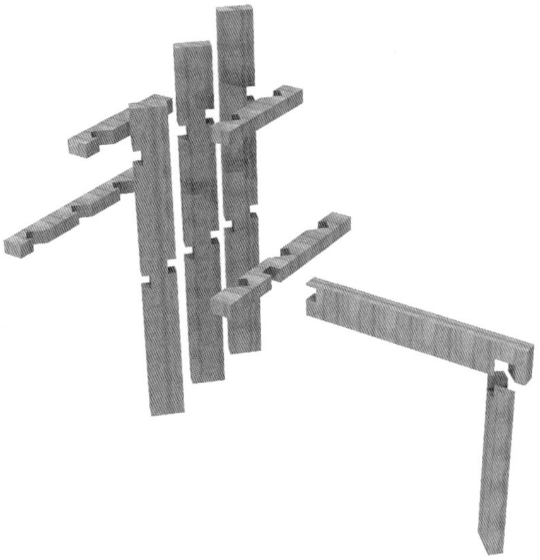

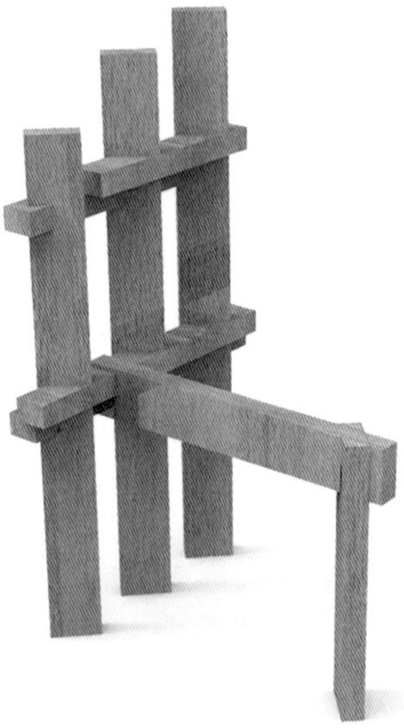

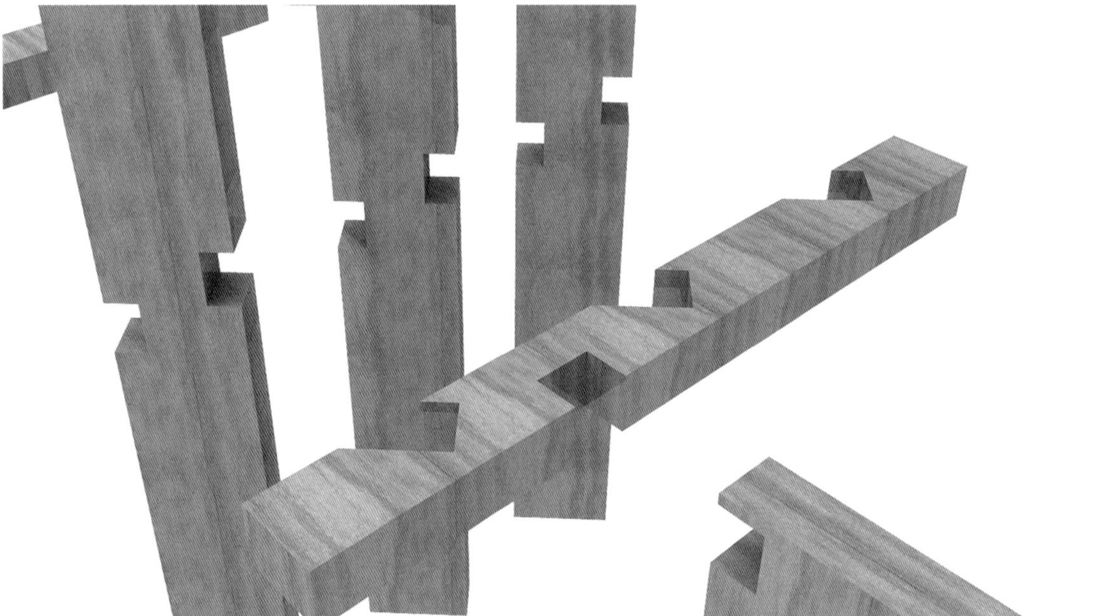

过程图解
Digram of Process

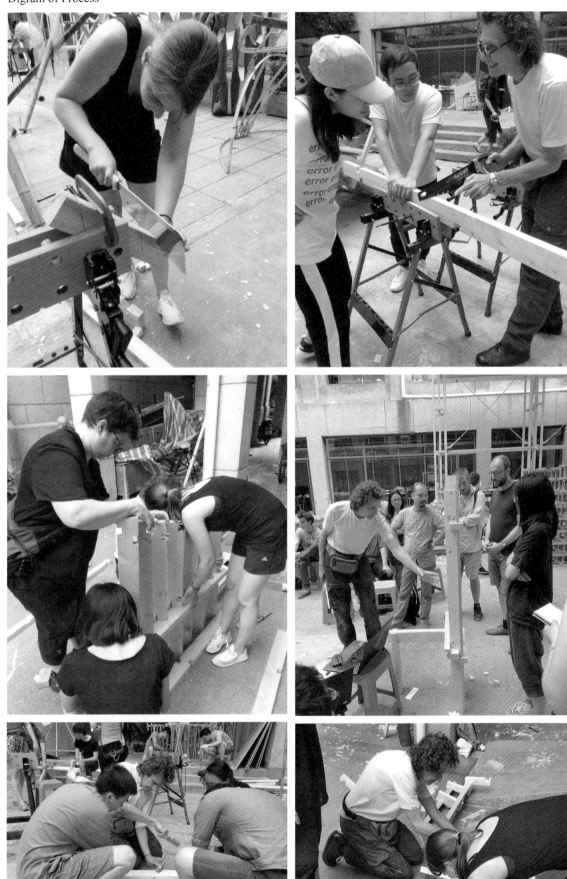

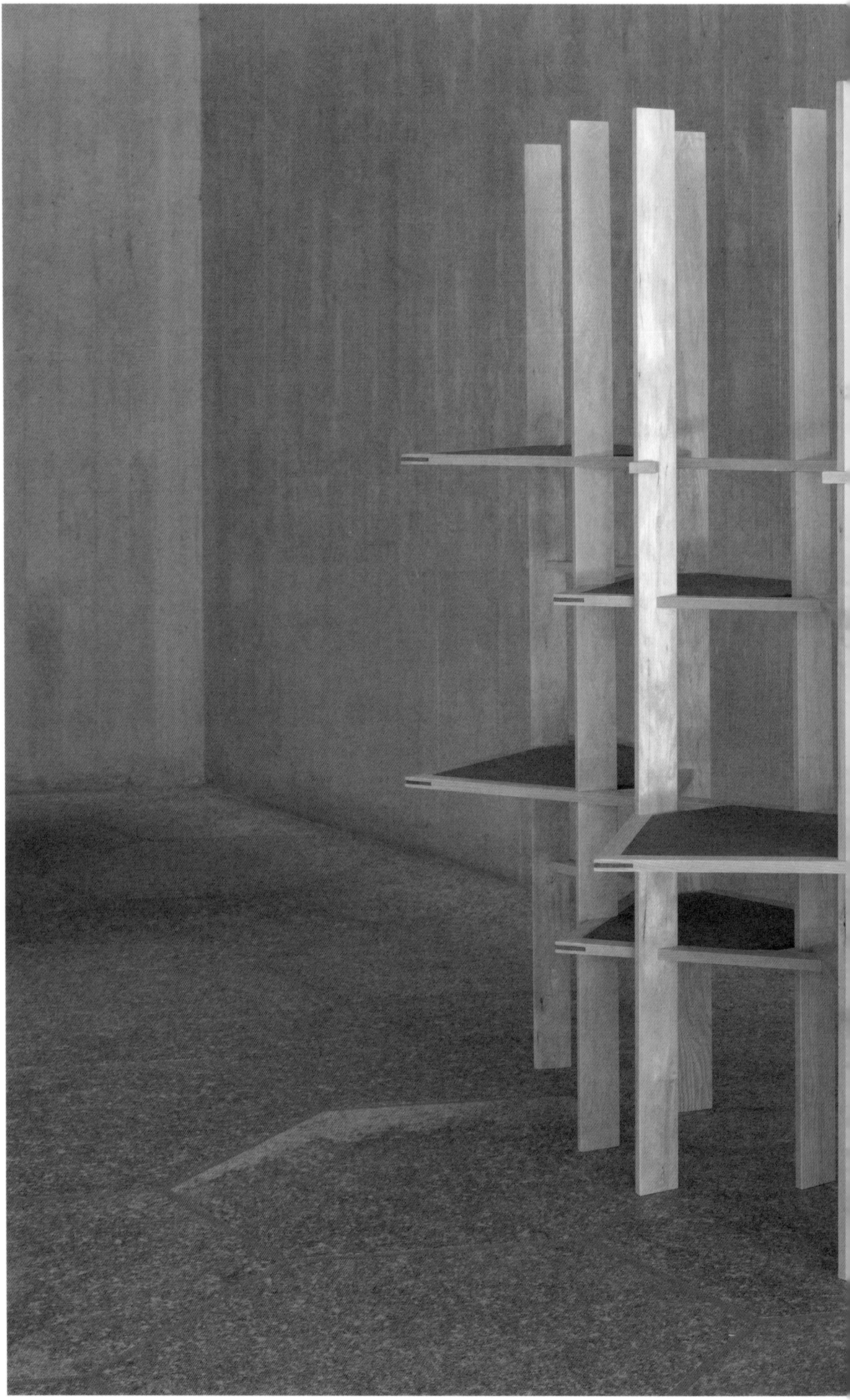

Tamara

Sarina

王笑天 (Xiaotian Wang)

马筑卿 (Zhuqing Ma)

场地选择
Folded Screen

设计概念
Design Concept

场地位于草坪和前工院之间，希望为人们带来丰富的景致与观景场所，同时可以为建筑系学生提供休憩等候的空间。

结构体分为两层，每层的构件形成的角度不同，这样人们在经过该装置的时候，随着人们移动位置的变化，其视野内的景色也在不断变化，给人们带来丰富的景致。

Our design is located between the lawn and Qiangongyuan. We want to bring people rich scenery and a place of viewing, meanwhile, it can become a leisure place for students of Department of Architecture.

The structure is divided into two layers. Each layer has different angles. In this way, when people pass by the device, as people's moving positions change, the scenery in their field of vision is also constantly changing, bringing people a wealth of scenery.

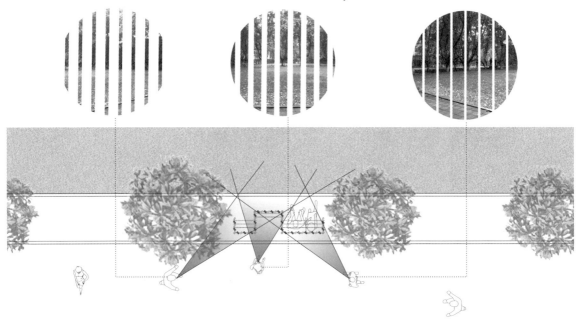

场景蒙太奇
Montage image

场地选择
Site Selection

场地位于草坪和前工院之间，草坪是校园最好的景色之一，前工院是建筑系学生日常上课的地方。

The site is located between the lawn and the Qiangongyuan. The lawn is one of the best views on campus, and Qiangongyuan is the place for class for students of Department of Architecture..

设计策略
Design Strategy

我们在设计中面临两个挑战：（1）如何稳固结构？改变结构的形式，由最初的两部分变为三部分，缩短每部分的距离使其变得更坚固。（2）横向与竖向构件连接。不同角度的两层构件不是直接连接，而是通过横向构件将其联系起来。同时，横向构件又起到了功能性作用（长凳、桌），这样功能作用与连接作用很好地结合起来。

We face two challenges in the design: (1) How to stabilize the structure? Change the form of the structure from the original two parts to three parts, shorten the distance of each part to make it stronger. (2) connect the horizontal and vertical components. The two layers of members with different angles are not directly connected, but connected by cross members. At the same time, the transverse members play a functional role (benches, tables), so that the functional role and the connection role are well combined.

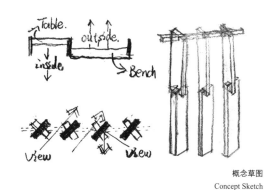

概念草图
Concept Sketch

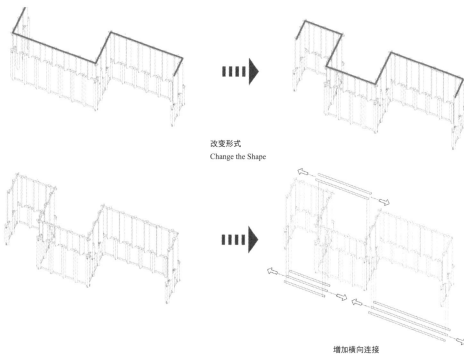

改变形式
Change the Shape

增加横向连接
Increase the Horizontal Connection

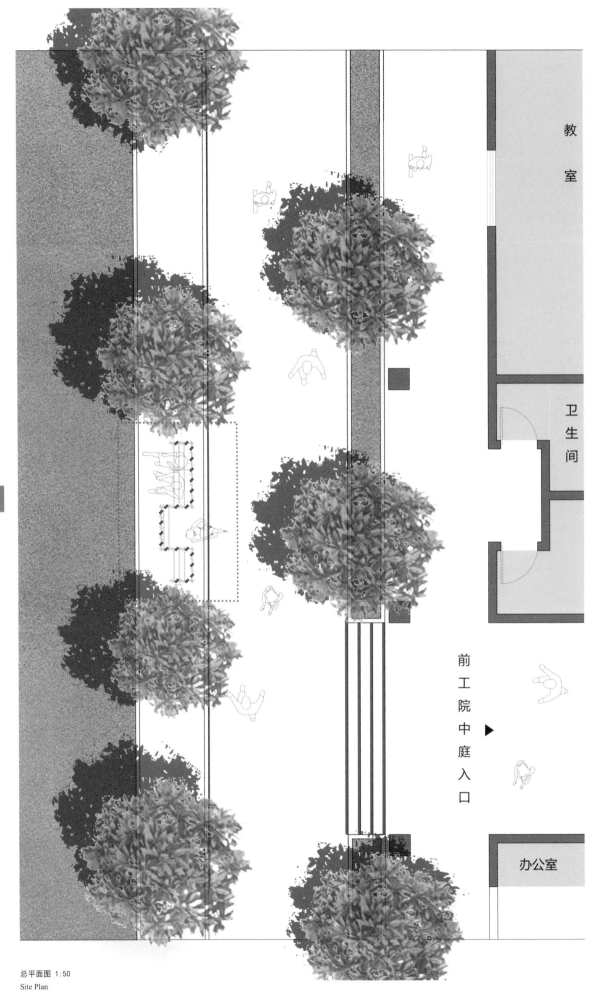

教室

卫生间

前工院中庭入口 ▶

办公室

总平面图 1:50
Site Plan

轴测图
Axonometric Drawing

构造节点
Construction Node

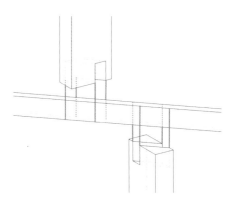

164

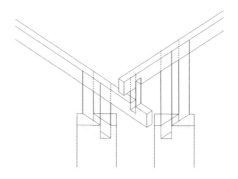

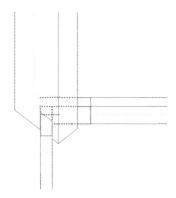

构造节点
Construction Node

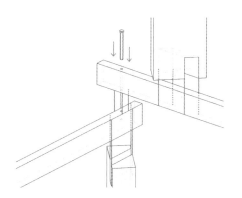

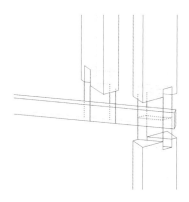

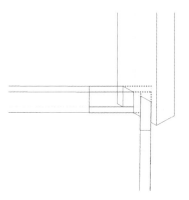

人体尺度
Human Dimensions

观景的长凳
Bench for Viewing

两个空间体的沟通
Communication Between Two Spaces

休闲等候
Waiting and Leisure

丰富的视野
Rich Field of Vision

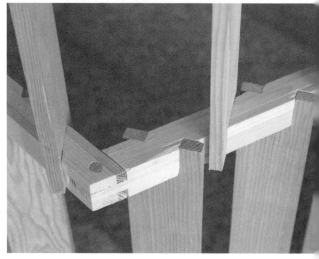

En
Yunhan Lin
王双 (Shuang Wang)
燕南 (Nan Yan)

"动"门
Magic Door

苏工院

场景蒙太奇：从校园往内院方向看
Montage: from Campus to Courtyard

我们找到了明代黄花梨六足折叠式矮面盆架的照片和图纸，这种家具展示了一种特殊的可以活动的节点构造，同时便于收纳和展开使用。在我们狭小而活动多样的校园场地中正需要这种灵活的结构特点。"可以转动的木构造节点"成为整个设计的最初概念并贯彻整个设计。

We found the photos and drawings of the Ming dynasty Huanghuali six-legged foldable low basin stand. This kind of furniture shows a special movable node structure and is easy to store and unfold. At the same time, it is convenient for receiving and expanding use. This flexible structure is needed in our small, diverse campus space. The "rotating wooden construction node" becomes the original concept of the whole design and carries out the whole design.

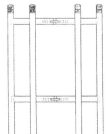

基地两边是截然不同的空间，一面是开敞的校园空间，另一面是围合感很强的内院空间。

The two sides of the base are completely different spaces, one is the open campus space and the other is the inner courtyard with a strong sense of enclosure.

设计策略
Design Strategy

基于对传统中式家具中对于空间分割和中式家具木构节点的研究，选址在空间模糊的前工院中庭入口灰空间位置，在此处增加"门"来分割入口空间。一方面让走廊部分连续，另一方面强调中庭轴线和整个校园环境的关系,并让中庭空间不过分通透来适应一些时候的中庭活动需求，在没有学生活动的时候此装置也可折叠收纳起来。

Based on the research on space division in traditional Chinese furniture and wooden structure nodes of Chinese furniture, the site was selected in the gray space of the entrance to the atrium of Qiangongyuan, where the space was blurred, and "doors" were added here to divide the entrance space. On the one hand, the corridor is partly continuous, and on the other hand, it emphasizes the relationship between the atrium axis and the entire campus environment and makes the atrium space not too transparent to meet the needs of atrium activities at some times. This device can also be folded and stored when there are no student activities.

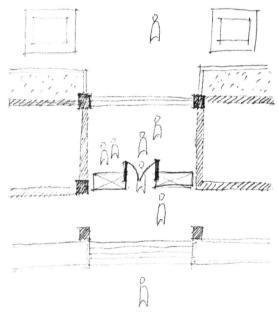

概念草图
Concept Sketch

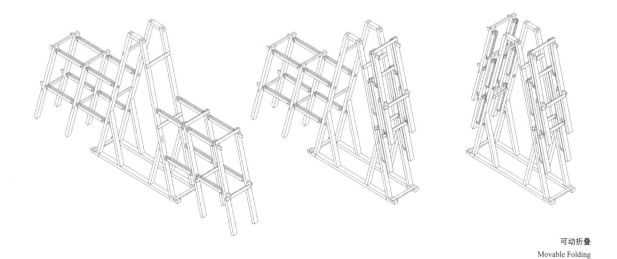

可动折叠
Movable Folding

过程图解
Digram of Process

第一次方案
First Plan

第二次方案
Second plan

第三次方案
Third Plan

第四次方案
Fourth Plan

可动演示
Movable Demo

173

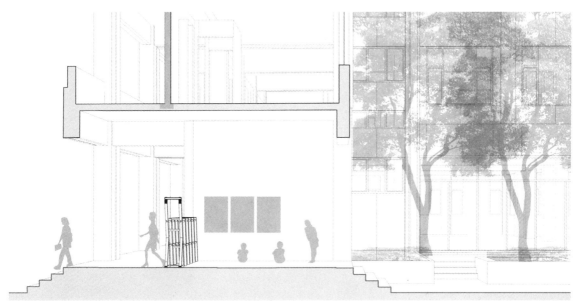

剖透视
Section-Perspective

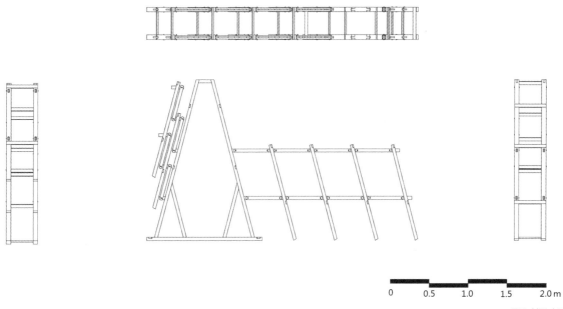

| 0 | 0.5 | 1.0 | 1.5 | 2.0 m |

平面-剖面-立面
Plan-Section-Façade

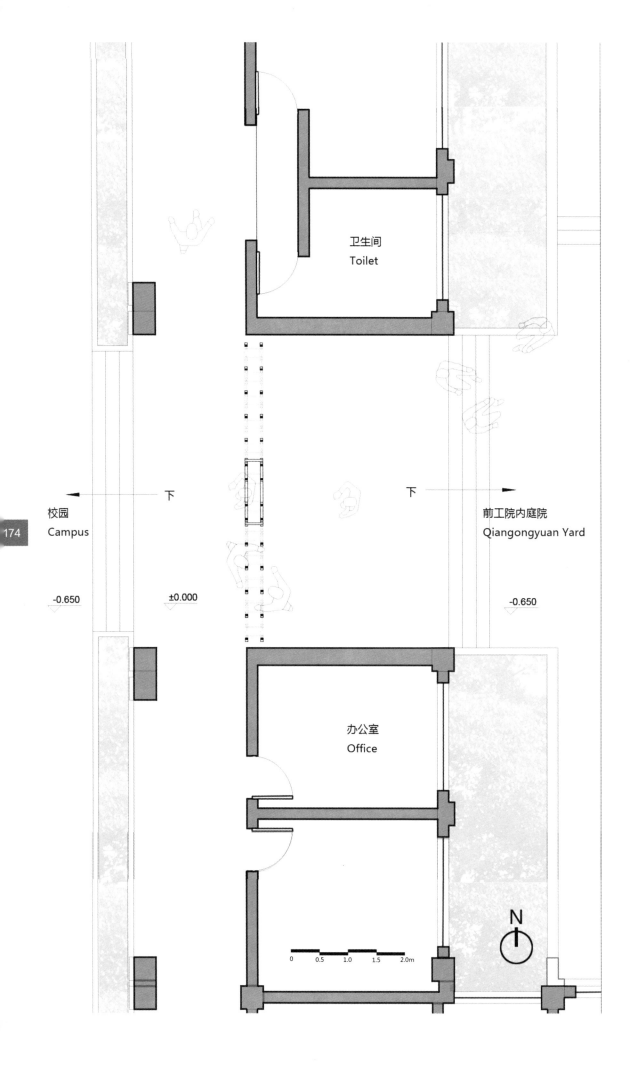

卫生间
Toilet

下

下

校园
Campus

前工院内庭院
Qiangongyuan Yard

-0.650

±0.000

-0.650

办公室
Office

N

0   0.5   1.0   1.5   2.0m

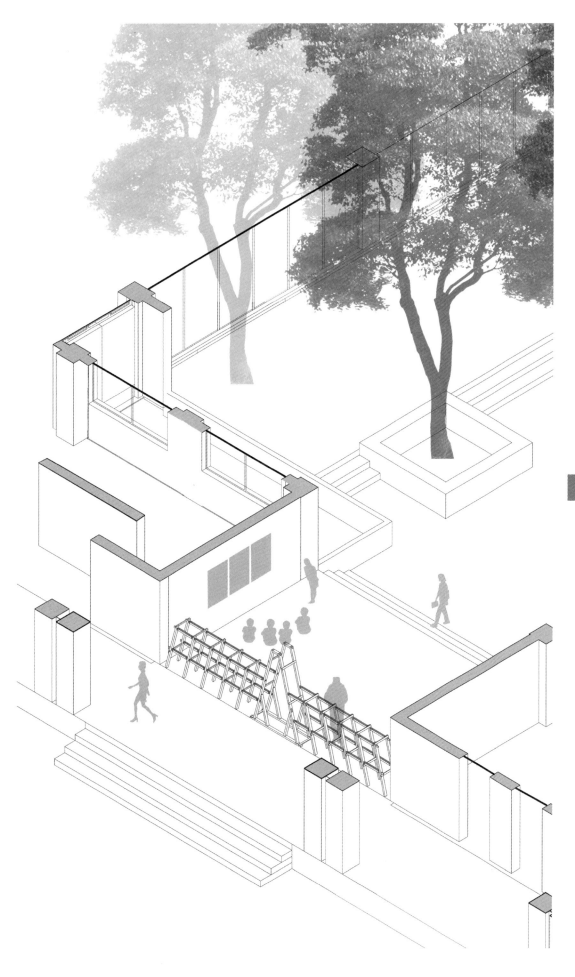

节点设计
Node Design

在节点的处理中，在"门"的顶端和中段的连接位置，使用了开槽以及螺钉栓接的做法，在门的底部位置植入了杆件使得整个结构呈现三角形的稳定结构的形态，并且在底部开75°的槽，在门框结构和底部的交界位置完全由切槽与木头的摩擦力支撑整个体系；并且在门处设置了两榀框架以保证垂直于门框方向的稳定性。

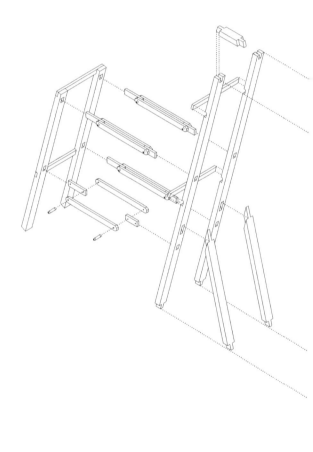

In the processing of the node, in the connection position of the top and middle of the "door", slotting and screwing are used to insert the bar at the bottom of the door so that the entire structure assumes a triangular stable structure. And a 75° slot is opened at the bottom. At the junction of the door frame and the bottom, the entire system is completely supported by the friction between the slot and the wood, and two frames are set at the door to ensure the stability perpendicular to the door frame.

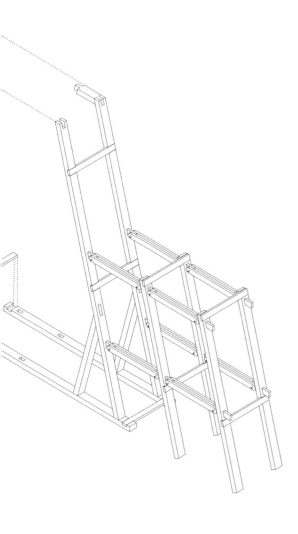

POSTSCRIPT